U0160140

超网络视角下海洋经济发展研究

肖雯雯　王莉莉　著

中国财经出版传媒集团

中国财政经济出版社

图书在版编目（CIP）数据

超网络视角下海洋经济发展研究／肖雯雯，王莉莉
著．-- 北京：中国财政经济出版社，2020.9
ISBN 978 - 7 - 5095 - 9860 - 3

Ⅰ.①超⋯　Ⅱ.①肖⋯　②王⋯　Ⅲ.①海洋经济－区
域经济发展－研究－中国　Ⅳ.①P74

中国版本图书馆 CIP 数据核字（2020）第 099884 号

责任编辑：彭　波　　　　　　　责任印制：史大鹏
封面设计：卜建辰　　　　　　　责任校对：徐艳丽

中国财政经济出版社 出版

URL：http：//www.cfeph.cn
E - mail：cfeph @ cfemg.cn

社址：北京市海淀区阜成路甲 28 号　邮政编码：100142
营销中心电话：010 - 88191537
北京财经印刷厂印装　各地新华书店经销
710 × 1000 毫米　16 开　11.75 印张　200 000 字
2020 年 9 月第 1 版　2020 年 9 月北京第 1 次印刷
定价：68.00 元
ISBN 978 - 7 - 5095 - 9860 - 3
（图书出现印装问题，本社负责调换）
本社质量投诉电话：010 - 88190744
打击盗版举报热线：010 - 88191661　QQ：2242791300

出版基金资助：

国家自然科学基金面上项目：绿色发展战略背景下海洋经济空间演化研究：机理、模型与优化路径（71973086）

教育部人文社会科学研究项目：虚拟产业集群的网络模型构建与"重要节点－关键链路"识别研究（20YJC630164）

山东省社会科学规划：超网络视角下山东省海洋产业集群识别与集群效应测度研究（19CHYJ07）

前　　言

　　党的十九大报告明确指出："坚持陆海统筹，加快建设海洋强国"。系统整合各类海陆资源，拓展海洋经济发展空间，提升海洋经济竞争力，是增强我国综合国力和国际影响力的重要途径。与传统海洋经济相比，当前海洋经济更加突出"生态优先、海陆协同"，"生态优先"强调在生态环境承载能力范围内发展海洋经济，实现经济发展与生态文明建设多元目标的统一；"海陆协同"强调从系统视角整合各类海陆资源，从中观产业、微观企业、宏观区域多维度进行整体设计，使沿海和腹地经济优势互补、互为依托；体现了新时代"创新、协调、绿色、开放、共享"五大发展理念。我国作为海陆兼备的国家，海陆复合是我国地缘政治的最大特点，坚持以五大发展理念为引领，拓展海洋经济空间，与世界各国建立更加畅通和紧密的联系，提升我国综合国力和增强国际影响力，是实施海洋强国的重要举措。

　　海洋经济发展战略和规划的制定与实施，需要理论的支撑。从目前学者对海洋经济的共同理解来看，海洋经济是一种注重"生态优先、海陆协同"的跨产业、跨区域的新型立体经济。发展海洋经济是一项系统工程，是一个典型的多目标多维度的均衡与优化问题，必须升级发展理念，由单一维度转变为多维度思考，来实现单一经济目标向经济、社会、生态多元目标的转变。海洋经济作为一个多目标多维度的复杂系统，各维度主体在其目标实现与运行机理等方面都有着根本性差异，其中，产业是海洋经济价值创造及经贸往来的内在基础，企业是海洋经济价值创造的微观主体和关键行动者，区域是海洋经济活动的空间载体。各维度主体间交互关系更加复杂，亟须更有效的方法、工具揭示其运行机理和发展规律。超网络是研究多目标多维度问题的重要方法和工具。本书在明确多维度主体之间的逻辑关系、运行机理和发展规律的基础上，运用超网络方法，构建三层异质主体子网络，依据网络层级之间逻辑关系，将三层子网络耦合成为海洋经济超网络。海洋经济超网络从系统性、集成性、复杂性层面研究多目标多维度海洋经济的均衡与优化。

针对要研究的问题，本书主要完成了以下三个方面的研究：

（1）构建了海洋经济超网络模型。在目前研究成果中，产业网络、企业网络和区域网络大多是独立研究的。但海洋经济管理中的许多实际问题，多是以产业为基础，由产业、企业和区域相互影响形成的，因此，仅限于产业单层网络的研究难以满足经济管理的实际需要。本书第3章引入超网络理论和方法构建了海洋经济超网络模型。在建模方面，本书在构建产业网络的基础上，并没有简单采用目前文献中已有的企业网络和区域网络建模方法，而是创新性地构建了反映产业关联的企业网络和反映产业经贸往来的区域网络，并根据三层网络的映射关系进行耦合得到超网络模型。

（2）设计了海洋经济超网络结构指标。本书以海洋经济超网络指标设计为核心，分别从层内和层间两个视角设计了海洋经济超网络的网络结构衡量指标，其中层内和层间指标又分别从基于节点局部结构和基于网络整体结构两个角度进行了研究设计。海洋经济超网络结构指标是从定量视角衡量产业、企业、区域内部关联关系及其交互作用，可以进一步确定子网络层内/层间重要节点，识别子网络层内/层间特殊网络结构，这对了解经济管理问题中的关键产业、核心企业和战略区域，明确三者之间的内部联系有重要意义。

（3）对海洋经济超网络进行应用研究。以山东省海洋经济为例，构建山东省海洋经济超网络模型，分析其层内和层间关联结构，根据计算结果分析山东省海洋经济存在的问题，提出有针对性的发展建议。通过实例应用，验证了海洋经济超网络模型构建方法的科学性和有效性，验证了海洋经济超网络结构度量指标的科学性、有效性和可计算性。

本书基于海洋经济"生态优先、海陆协同"的内涵，运用超网络方法，针对海洋经济多目标、多维度的特点，系统研究海洋经济超网络模型构建具有重要的现实意义和理论意义：在现实意义上，本书基于系统思考，揭示海洋经济多维度多层面的复杂特征，明晰海洋经济各维度主体及其之间的关系结构；研究成果不仅有助于相关部门科学合理界定海洋产业、企业和区域边界，制定政策发挥各维度主体能力优势；还有助于政府部门优化海洋空间发展路径，为我国海洋经济战略的制定与实施提供理论依据。在理论意义上，本书创新性地提出多目标多维度的海洋经济超网络模型构建方法，将研究提升到系统性、集成性、复杂性层面，为海洋经济理论提供新内容和新方法。

作者

2020 年 5 月

目　　录

第1章 绪 论

1.1　研究背景与研究意义

　　早在 21 世纪初，联合国就提出"21 世纪是海洋世纪"，认为海洋将成为国际竞争的主要领域，我国海洋资源丰富，海洋经济在国民经济中占有重要地位[1,2]。党的十九大报告明确指出"坚持陆海统筹，加快建设海洋强国"，因此，系统整合各类海陆资源，拓展海洋经济发展空间，提升海洋经济竞争力，是增强我国综合国力和国际影响力的重要途径。与传统海洋经济相比，当前海洋经济更加突出"生态优先、海陆协同"，生态优先强调在生态环境承载能力范围内发展海洋经济，实现经济发展与生态文明建设多元目标的统一；海陆协同强调从系统视角整合各类海陆资源，从中观产业、微观企业、宏观区域多维度进行整体设计，使沿海和腹地经济优势互补、互为依托；体现了新时期"创新、协调、绿色、开放、共享"的五大发展理念。我国作为海陆兼备的国家，海陆复合是我国地缘政治的最大特点，坚持以五大发展理念为引领，拓展海洋经济空间，与世界各国建立更加畅通和紧密的联系，展示我国综合国力和增强国际影响力，是实施海洋强国的重要举措。

　　当今时代，海洋经济经常出现在各国海洋战略发展规划和报告中，为新时期海洋经济发展提供了一定方向。但目前就如何划分海洋产业并设计海陆协同的产业链、如何规划符合全球功能定位的海洋经济区、如何规范涉海企业低碳行为，以及在具体实践环节如何操作等尚不清晰。各国海洋经济发展的关注点常局限于中观产业、微观企业或宏观区域中的单一维度，缺乏整体设计和系统规划。从系统观和全球观出发，基于"生态优先、海陆协同"思想，识别海洋经济中多维主体的逻辑关系、从多维度重塑海洋经济发展的主体结构、建立海洋经济发展的多主体协同有效机制、优化海洋经济发展的空间路径，已经成为目前海洋经济发展的关键问题。

　　海洋经济发展战略和规划的制定与实施，需要理论的支撑。从目前学者对海洋经济的共同理解来看，海洋经济是一种注重"生态优先、海陆协同"的跨产业、跨区域的新型立体经济[3]。发展海洋经济是一项系统工程，是一个典型的多目标多维度的均衡与优化问题，必须升级发展理念，由单一维度转变为多维度思考，来实现单一经济目标向经济、社会、生态多元目标的转变。海洋经济作为一个多目标多维度的复杂系统，各维度主体在其目标实现与运行机理等方面都有着根本性差异，其中产业是海洋经济价值创造及经贸往来的内在基础，企业是海洋经济价值创造的微观主体和关键行动者，区域是海洋经济活动的空间载体。各维度主体间交互关系更加复杂，亟须更有效的方法、工具揭示其运行机理和发展规律。超网络是研究多目标多维度问题的重要方法和工具。本书在明确多维度主体之间的逻辑关系、运行机理和发展规律的基础上，运用超网络方法，构建三层异质主体子网络，依据网络层级之间逻辑关系，将三层子网络耦合成为海洋经济超网络。海洋经济超网络从系统性、集成性、复杂性层面研究多目标多维度海洋经济的均衡与优化，如研究产业与区域之间的交互关系，通过跨区域产业链的识别，调整海洋经济区规划范围；研究产业与企业之间的交互关系，通过某海洋产业市场竞争程度的衡量，优化企业经营战略等。

　　本书基于海洋经济"生态优先、海陆协同"的内涵，运用超网络方法，针对海洋经济多目标、多维度的特点，系统研究海洋经济超网络模型构建具有重要的现实意义和理论意义：在现实意义上，本书基于系统思考，揭示海洋经济多维度多层面的复杂特征，明晰海洋经济各维度主体及其之间的关系结构；研究成果不仅有助于相关部门科学合理界定海洋产业、企业和区域边界，制定政策发挥各维度主体能力优势；还有助于政府部门优化海洋空间发展路径，为我国海洋经济战略的制定与实施提供理论依据。在理论意义上，本书创新性地提出多目标多维度的海洋经济超网络模型构建方法，将研究提升到系统性、集成性、复杂性层面，为海洋经济理论提供新内容和新方法。

1.2 研究目的与研究内容

1.2.1 研究目的

本书拟构建海洋经济超网络模型，用以研究海洋经济中的管理问题；设计衡量海洋经济超网络结构的指标，分析海洋经济运行规律，主要研究目标包括：

（1）构建反映产业、区域和企业之间逻辑关系的海洋经济超网络模型。提出与以往文献中不同的，能反映产业关联的企业网络模型和区域网络模型，并依据三者之间的逻辑关系和运行规律对这三层网络进行耦合建模。

（2）设计反映同质节点、异质节点关系结构的层内和层间指标体系，揭示产业多重主体运行机理和发展规律。

（3）以山东省海洋经济发展为实例，验证本书所提模型和设计指标的科学性、有效性。

1.2.2 研究内容

具体来讲，本书主要完成了以下三个方面工作：

（1）构建了海洋经济超网络模型。

在目前研究成果中，产业网络、企业网络和区域网络大多是独立研究的。但海洋经济管理中的许多实际问题，多是以产业为基础，由产业、企业和区域相互影响形成的，因此，仅限于产业单层网络的研究难以满足经济管理的实际需要。本书第 3 章引入超网络理论和方法构建了海洋经济超网络模型。在建模方面，本书在构建产业网络的基础上，并没有简单采用目前文献中已有的企业网络和区域网络建模方法，而是创新性地构建了反映产业关联的企业网络和反映产业经贸往来的区域网络，并根据三层网络的映射关系进行耦合得到超网络模型。

（2）设计了海洋经济超网络结构指标。

本章以海洋经济超网络指标设计为核心，分别从层内和层间两个视角设计了海洋经济超网络的网络结构衡量指标，其中层内和层间指标又分别从基于节点局部结构和基于网络整体结构两个角度进行了研究设计。海洋经济超网络结构指标是从定量视角衡量产业、企业、区域内部关联关系及其交互作用，可以进一步确定子网络层内/层间重要节点，识别子网络层内/层间特殊网络结构，这对了解经济管理问题中的关键产业、核心企业和战略区域，明确三者之间的内部联系有重要意义。

（3）对海洋经济超网络进行应用研究。

以山东省海洋经济为例，构建山东省海洋经济超网络模型，分析其层内和层间关联结构，根据计算结果分析山东省海洋经济存在的问题，提出有针对性的发展建议。通过实例应用，验证了海洋经济超网络模型构建方法的科学性和有效性，验证了海洋经济超网络结构度量指标的科学性、有效性和可计算性。

1.3　研究方法与研究框架

1.3.1　研究方法

（1）超网络方法。本书主要采用超网络理论的思想构建模型，超网络是高于而又超于现存网络的网络，或者说是网络组成的网络，存在于现实社会中很多单一网络相交织形成的复杂系统之中，其可更完美描述复杂系统，逐步成为学术界研究实际问题的新方法。

（2）图与网络方法。图与网络是目前研究（复杂）网络的一种共同语言。这种抽象有两个好处：一是使人们透过现象看到本质，通过对抽象的图与网络的研究得到具体的实际网络的拓扑性质；二是使人们可以比较不同网络拓扑性质的异同点并建立研究网络拓扑性质的有效算法。

（3）投入产出方法。投入产出表以矩阵的形式描述了国民经济各部门在一定时期（通常为一年）生产中的投入来源和产出去向，其中中间流量数据是生产过程中产业之间的投入与消耗，系统地反映了产业部门两两之间相互依存、相互制约的技术经济联系。

1.3.2　研究框架

本书设置以下 7 章以研究海洋经济超网络建模及应用问题。

第 1 章，绪论。介绍本书选题背景与选题意义、研究目标、研究内容、研究方法、本书主要创新点及内容安排。

第 2 章，文献综述。对本书相关的文献进行综述，主要综述海洋经济、产业关联、产业网络和超网络，并对文献进行评述。

第 3 章，海洋经济超网络模型构建研究，首先阐述了海洋经济超网络的概念并分析了海洋经济超网络多主体、多属性、多层面的特征，系统分析了海洋经济超网络的研究主体和研究对象；其次提出了海洋经济超网络模型框架，分析了海洋经济超网络的四种类型；再次分析了海洋经济超网络各子网络层的建模原理和子网络耦合原理；最后详细阐述了海洋经济超网络各子网络建模步骤和子网络耦合步骤。

第 4 章，海洋经济超网络结构指标研究。分别从层内和层间两个视角设计了海洋经济超网络的网络结构衡量指标，其中层内和层间指标又分别从基于节点局部结构和基于网络整体结构两个角度进行了研究设计。

第 5 章，应用实例 I 海洋经济超网络模型构建研究。分析海洋经济中多主体多层面特征，根据研究需要对山东省海洋产业数据、企业数据和区域数据进行搜集和处理，构建山东省海洋经济超网络模型。

第 6 章，应用实例 II 海洋经济超网络结构分析。在第 5 章构建海洋经济超网络的基础上，运用超网络结构指标对海洋经超网络进行结构分析。

第 7 章，结论与展望。总结本书研究的主要内容，得出主要研究结论。根据本书研究问题，指出研究的局限性并提出研究展望。

根据本书的章节安排，本书框架如图 1-1 所示。

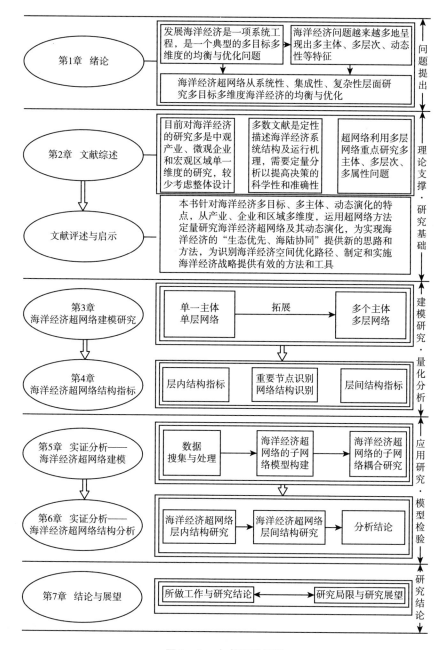

图 1-1 本书研究框架

1.4　主要创新点

本书具有如下创新之处：

（1）构建了海洋经济超网络模型，将单层产业网络拓展到多层海洋经济超网络。在子网络建模方面，本书在构建产业网络的基础上，并没有简单采用目前文献中已有的企业网络和区域网络建模方法，而是创新性地构建了反映产业关联的企业网络和反映产业经贸往来的区域网络。在子网络耦合方面，并没有将产业网络、企业网络和区域网络这三层网络进行简单堆积，而是在厘清产业、企业和区域之间逻辑关系和运行机理的基础上，根据三层子网络的结构和功能对其进行耦合建模研究。

（2）针对海洋经济超网络结构特点，设计定量衡量海洋经济超网络结构的指标，用以度量子网络层内和层间结构，识别关键产业、核心企业和战略性区域。

（3）根据海洋经济多主体运行机理和发展规律，构建由产业网络、区域网络和企业网络耦合而成的海洋经济超网络模型。明晰海洋经济内部各类主体及其之间的关系结构，以充分发挥各主体资源和能力优势。同时，本书研究拓展了海洋经济研究领域的视野和应用的思路。

第2章　文献综述

2.1 海洋经济文献综述

Xiao（2016）、Darling（2018）等学者提出海洋经济是以一定的海洋地理空间（包括海岸带）为基础，依托海洋资源与环境而形成的产业经济系统，具有明显的区域性特征[4,5]。从已有文献看，在海洋经济发展影响因素方面，目前多从产业和区域视角进行分析；也有部分文献，从企业创新视角分析海洋经济发展。

（1）产业视角的研究主要包括：①海洋产业结构对海洋经济发展的影响：刘大海等（2017）、梁甲瑞（2018）等学者认为优化海洋产业结构是发展海洋经济的基础，要重视产业结构升级对海洋经济的影响[6,7]；马仁锋等（2013）、梁甲瑞（2018）等学者实证指出发展海洋经济是促进产业结构升级和提升产业竞争力的关键环节和重要举措[8,9]。②海洋产业链/价值链对海洋经济发展的影响：韩增林等（2016）提出海洋经济是由开发、利用、保护海洋的海洋产业以及依赖/支撑海洋产业的相关产业组成的产业群所形成的经济活动总和，意味着传统海洋活动在产业链上延伸，这必然伴随着产业链重构和产业升级[10]。与此观点类似，2012年欧盟发布《蓝色增长：海洋及关联领域可持续增长的机遇》官方文件，从价值链视角研究海洋经济，将海洋要素作为关键性投入的几类经济活动作为海洋经济核心产业，基于产业链向上下游产业延伸，将整条产业链的经济活动作为海洋经济组成部分；高源等（2015）、Wang（2019）等学者通过实证研究，指出海陆产业具有空间上的相互依赖性和较强的技术经济依赖性，海洋经济发展需要扩展海陆间产业联系，在延伸海陆产业链条的基础上，形成海陆产业链条的一体化，推动海洋经济发展[11,12]。

（2）区域视角的研究主要包括：①沿海经济区功能定位和范围

界定：国外学者沿海经济区研究中一般采用"海岸带综合管理"一词，Schernewski（2014）、Puente（2015）、Birch（2018）等学者认为海岸带综合管理是指基于环境、生态、社会活动的相互作用，在动态的海岸带系统中，统一规划和管理海岸带资源、地域和环境。海岸带综合管理中包含海陆协同和可持续发展的思想，是经济系统由陆地向海洋的延伸，既包括陆地资源向海洋资源的延伸，也包括经济活动由陆地空间向海洋空间的延伸，是陆地经济与海洋经济的协同和一体化[13-15]。②沿海经济区构建的关键因素：李平（2017）、Daborn（2018）等学者指出沿海经济区的建设是在特定的创新环境和系统要素的支撑下，以创新域、产业集群带及其生态链为主体构建的一项综合性、区域性的系统工程[16,17]。

（3）企业视角的研究主要是"企业创新是海洋经济实现"生态优先"的基础和前提"：曹霞等（2015）、孙才志等（2017）提出海洋经济和企业科技创新之间存在互动发展关系，企业科技创新是海洋经济发展的原动力，而海洋经济发展又为企业创新提供了物质基础[18,19]；Yu（2018）、张娟等（2019）提出企业创新已成为海洋经济发展的内生性主导动力，在海洋经济发展中发挥了关键作用，创新企业形成联系紧密的创新联盟，并在空间上不断集聚，逐渐形成创新的生态系统，促进海洋产业群发展[20,21]。

2.2　产业网络文献综述

2.2.1　产业网络提出及其概念

从已有文献看，国内外学术界对产业网络并没有统一认识和定义，产业网络主要包括两类：基于企业之间关联关系形成的网络和基于产业之间关联关系形成的网络。

（1）基于企业之间关联关系形成的网络。

20世纪90年代，Hakansson（1992）提出"AAR"模型，指出产业网络由三大要素构成，分别是行动者、行动和资源。其中，行动者是实施行动和控制资源的实体组织；行动是利用资源改变其他资源的各种活动；资源是指行动者实施行动时使用的方法[22]。

自该概念提出后，被国内外学术界广泛重视，以此为基础，对产业网络展开了一系列研究。从国内外学者对产业网络的共同理解看，产业网络是由不同的产业主体（企业、学术机构、政府组织等）通过经济、社会等关系形成的网络，是一种新的组织协调方式（Hakansson，2002；Karlsson，2003；盖翊中和隋广军，2004；张丹宁等，2008；芮正云等，2014；Aaboen，2017；Bankvall，2017等）[23-29]。

（2）基于产业之间关联关系形成的网络。

20世纪70年代，国内外学者开始将图与网络方法引入产业关联研究中，构建产业网络模型。从图与网络视角看，产业间关联关系可用图或网络来描述，其中产业对应于产业网络中的顶点，产业间关联关系对应于产业网络中的边。用图与网络研究产业间关联关系，在研究过程中，出现产业网络、产业复杂网络、产业关联网络、产品空间网络等不同术语，见表2-1。

表2-1 产业网络相关概念

名　称	定　义
产业网络	从本体论来看，产业网络是一种客观存在的现象，表现为产品与产品之间关联关系的总和；从方法论来看，产业网络是描述产业之间关联关系的模型与方法
产业复杂网络	国民经济中各个产业相互依赖、相互制约形成了一个复杂且相互作用的网络模型
产业关联网络	将实际物质生产部门和非物质生产部门等产业视作节点，将它们之间相互依存、相互制约的关联视作边，由此构成的网络模型被称作产业关联网络
产品空间网络	将产业视作节点，基于产业间"相近性"对产业进行连边，形成网络模型。产业间"相近性"指的是如果产业（产品）生产要素相似，则产业（产品）间存在关联，且可串联生产

从表 2-1 可以看出，产业网络、产业复杂网络、产业关联网络、产品空间网络等不同术语，其相同点均是以产业为节点，以产业间关联关系为边构建的网络模型，其不同点在于产业间连边的机理不同，可以分别以产业间投入产出关系、产业间接近性等对产业连边。

通过文献回顾可知，基于不同的研究目的和研究内容，国内外学者在研究企业间关联关系和产业间关联关系时，均使用了产业网络一词。针对本书研究内容，本书将采用第二类定义：以产业作为点，以基于投入产出关系形成的产业关联作为边，以此形成的网络模型定义为产业网络。在本书后续研究中，产业网络均指基于产业间关联关系形成的网络。

2.2.2　产业网络模型构建方法

产业网络根据是否考虑不同地区间产业贸易流量，划分为单区域产业网络和区域间产业网络。下面分别梳理这两类产业网络模型构建方法。

（1）单区域产业网络模型构建。

单区域产业网络模型构建，最常见的是基于产业间投入产出关系和基于产业间接近性构建产业网络。

①基于投入产出关系构建单区域产业网络。

基于投入产出关系构建单区域产业网络的数据基础是单区域投入产出数据，单区域投入产出表见 2-2。

单区域投入产出表包括三个象限，核心是第Ⅰ象限，表示产业间的中间流量矩阵。在中间流量矩阵中，从列方向看，表示某产业在生产过程中消耗其他产业的产品或服务的数量；从行方向看，表示某产业生产的产品或服务提供给其他产业消耗和使用的数量。第Ⅱ象限是第Ⅰ象限在横向的延伸，反映了产业生产的产品或服务多少可供最终消费、投资和出口。第Ⅲ象限是第Ⅰ象限在纵向的延伸，主要反映了国内生产总值的初次分配。

表 2 - 2　　　　　　　　　投入产出表基本结构

投入＼产出		中间使用				最终使用				总产出
		部门 1	部门 2	…	部门 n	消费	资本形成	出口	最终使用合计	
中间投入	部门 1	x_{11}	x_{12}	…	x_{1n}	c_1	k_1	e_1	y_1	X_1
	部门 2	x_{21}	x_{22}	…	x_{2n}	c_2	k_2	e_2	y_2	X_2
	⋮	⋮	⋮		⋮	⋮	⋮	⋮	⋮	⋮
	部门 n	x_{n1}	x_{n2}	…	x_{nn}	c_n	k_n	e_n	y_n	X_n
增加值	劳动者报酬	ω_1	ω_2	…	ω_n					
	营业盈余	m_1	m_2	…	m_n					
	增加值合计	v_1	v_2	…	v_n					
总投入		X_1	X_2		X_n					

依据投入产出数据构建单区域产业网络模型的步骤为：

步骤 1：确定产业网络中节点集合。此类产业网络的数据基础是单一地区/国家的投入产出表，投入产出表中的产业部门即为该产业网络中的节点。但有时根据研究问题的需要，可能需要对投入产出表中的产业部门进行合并或拆分，将合并或拆分后的产业部门作为网络节点。

投入产出表合并或拆分均需要按一定规则进行，如依据国民经济行业分类与代码、高新技术行业目录与代码、相关产业分类等。此外，投入产出表中产业部门合并或拆分，都需要满足行和列的约束关系：中间使用 + 最终使用 = 总产出；中间投入 + 初始投入 = 总投入；总产出 = 总投入。①投入产出表中产业部门合并：产业部门合并相对简单，其数据调整过程为：对投入产出表中第Ⅰ象限的横向和纵向都需要进行合并，对投入产出表的第Ⅱ象限，只进行横向合并，对投入产出表的第Ⅲ象限只进行纵向合并[30]。②投入产出表中产业部门拆分：首先，利用总产出数据、增加值数据等作为参照标准，推算拆分部门所占权重。如从统计年鉴、经济公报等得到需要拆分部门当年的增加值，计算需要拆分部门增加值占整个部门增加值的比例，作为拆分权重。其次，根据拆分权重对相应部门进行拆分。对投入产出表中第 Ⅰ 象限的横向和纵向都需要进行拆分，对投入产出表的第 Ⅱ 象限，只进行横向拆分，对投入产出表的第 Ⅲ 象限只进行纵向拆分[31]。

步骤 2：构建产业关联矩阵。产业间关联矩阵可以选用中间流量矩阵[32,33]，也可以选用中间流量矩阵、直接消耗系数矩阵、完全消耗系数矩阵、直接分配系数矩阵、完全分配系数矩阵等[34,35]。

步骤 3：确定产业强关联临界值。在明确产业网络中节点以及确定产业间关联矩阵后，需要确定产业强关联临界值，对产业进行连边，得到产业网络模型，如图 2-1 所示。

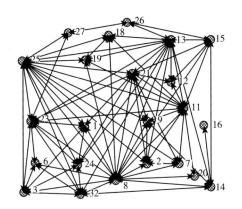

图 2-1 产业网络示意图

资料来源：Zhang 等 （2016）[36]。

在已有文献中，基于投入产出数据构建产业网络时，中外学者基于不同的研究目的，选用了不同的产业强关联临界值，见表 2-3。

表 2-3   产业强关联临界值选取比较

学者	产业间系数关联矩阵	临界值
Campbell （1975）[37]	中间流量矩阵	0
Schnabl （1994）[38]	中间流量矩阵	最小流分析法 （MFA 方法）

续表

学者	产业间系数关联矩阵	临界值
Aroche（1996）[39]	重要系数矩阵	经验值 0.2
赵炳新等（2011）[40]	直接消耗系数矩阵	威弗组合指数内生值（WT 方法）
王茂军等（2013）[41]	直接消耗系数 + 直接分配系数矩阵	产业关联系数矩阵的平均值
Contreras（2014）[42]	中间流量矩阵	产业关联系数矩阵的平均值
Luu（2017）[43]	中间流量矩阵	经验值 0.2
……	……	……

由表 2 – 3 可以看出，在构建产业网络模型时，一般采用经验值、平均值、MFA 方法，WT 方法等确定产业强关联临界值。下面重点梳理 MFA 方法和 WT 方法识别产业强关联临界值的步骤。

MFA 方法的基本原理是对于产品生产的各个阶段，从直接生产到间接生产，通过计算得到一个最小流量，以其为临界值确定产业间强关联，构建产业网络模型。本书结合 Brachert（2011）[44] 等学者对 MFA 方法的共同阐述，说明 MFA 计算步骤：

步骤 1：计算产业间邻接矩阵 W。如果投入流 s_{ij} 超过一个滤值 F，就给它赋值 1，否则赋值 0。将交易矩阵进行欧拉序列分解，即 $x = C \cdot y = (I + A + A^2 + A^3 \cdots) \cdot y$，其中，C 是里昂惕夫逆矩阵，x 是总产品列向量，y 是总需求列向量，里昂惕夫逆矩阵可以写作欧拉序列，I 是单位矩阵，A 是直接消耗系数矩阵。根据里昂惕夫逆矩阵的分解和借助欧拉序列，设计一系列交易矩阵。得到交易矩阵 T，交易矩阵 T 是直接消耗系数矩阵与主对角矩阵 $\langle x \rangle$ 的乘积，即 $T = A \cdot \langle x \rangle$，得到每层：

$$T_0 = A \cdot \langle y \rangle$$
$$T_1 = A \cdot \langle A \cdot y \rangle$$
$$T_2 = A \cdot \langle A^2 \cdot y \rangle \quad\quad\quad (2-1)$$
$$T_3 = A \cdot \langle A^3 \cdot y \rangle$$
$$\cdots\cdots$$

步骤 2：计算各层的邻接矩阵 W_k。直接消耗系数的求幂运算一直进行到矩阵 T_k 中的元素 t_{ij}^k 都小于滤值 F。

步骤 3：计算 k 步距离的关联矩阵 W^k。利用公式 $w^k = \begin{cases} W_k \cdot W^{k-1}, & k > 0 \\ 1, & k = 0 \end{cases}$ 可以把里昂惕夫逆矩阵中的定量信息转化成邻接矩阵中的定性信息。W^k 代表不同层次的邻接矩阵 W_k 之间的联系，随着 k 值的增加，产业 i 和产业 j 之间的中间商品流的关系越弱。

步骤 4：计算关联矩阵 D。通过把 W^k 相加，计算出关联矩阵 D，$D = \#(W^1 + W^2 + W^3 + \cdots)$。

步骤 5：确定最终阈值 F，得到最终关联矩阵 L。最佳阈值 F 是通过最大化连通性矩阵 H 中的元素而计算得到的，在此过程中可运用熵理论进行判断。

WT 方法的基本原理是对比产业的观察分布与假设分布，从而建立一个最接近实际情况的近似分布，根据产业观察值的具体分布计算威弗组合指数，从不均匀数据中识别关键元素。本书结合王成韦等（2017）[45] 等学者对 WT 方法的共同阐述，说明 WT 计算步骤：

步骤 1：利用威弗组合指数从关联系数矩阵的行或列出发，以敏感性试算拐点的方式确定产业关联的临界值 α，其中第 i 个产业的第 j 项系数的威弗—托马斯（Weaver - Thomas）指数为：

$$w(i,j) = \sum_{i=1}^{n} \left[s(k,i) - 100 \times \frac{E(k,j)}{\sum_{l=1}^{n} E(l,j)} \right]^2,$$

$$s(k,i) = \begin{cases} 100/i \, (k \leqslant i) \\ 0 \, (k > i) \end{cases} \tag{2-2}$$

步骤 2：确定产业关联 0 - 1 矩阵 $L = (l_{ij})$，转换原则为：$A(i,j) \geqslant \alpha$，则 $l_{ij} = 1$，否则 $l_{ij} = 0$，基于 0 - 1 矩阵建立产网络模型。

②基于产业间接近性构建单区域产业网络。

基于产业间接近性构建的单区域产业网络又被称作产品空间网

络。Hidalgo 等（2007）在 *Science* 发表论文 "*The Product Space Conditions the Development of Nations*"，提出利用产业间接近性构建产品空间网络的方法，创立了产品空间理论。产品空间理论把相近性当作两种产品生产所需能力差异性或技术距离的测度，相近性越高，从一种产品转向另一种产品，新增投资较少，成本较低，技术距离就越短。基于产业间接近性构建产品空间网络的步骤如下：

步骤 1：计算产业 i 与产业 j 之间的相近性 ϕ_{ij}：

$$\phi_{ij} = \min\{P(RCAx_i|RCAx_j), P(RCAx_j|RCAx_i)\} \qquad (2-3)$$

其中，显性比较优势指数是指一个国家某种商品出口额占其出口总值的份额与世界出口总额中该类商品出口额所占份额的比率，用公式表示：

$$RCA_{ic} = (X_{ic}/X_c) \div (X_{iw}/X_w) \qquad (2-4)$$

其中，X_{ic} 表示国家 c 出口产品 i 的出口值，X_c 表示国家 c 的总出口值；X_{iw} 表示世界出口产品 i 的出口值，X_w 表示世界总出口值。

步骤 2：根据产业间接近性得到产业关联矩阵，构建产业网络模型。在此基础上，为得到产业网络的支撑结构，计算求出产业网络的最大生成树（Maximum Spanning Tree）。

步骤 3：根据 Eades 的弹簧模型，定位图中节点的位置，使系统总能量最低。

步骤 4：在求出的产业网络最大生成树上，增加网络中临界值大于 0.55 的节点和边，得到产品空间网络，如图 2-2 所示。

（2）区域间产业网络模型构建。

区域间产业网络一般基于区域间投入产出表进行构建，区域间投入产出表见表 2-4。

在表 2-4 中，中间流量矩阵的元素 x_{ij}^{xy} 有上标 xy 和下标 ij，上标 xy 表示 x 区域供应 y 区域，下标 ij 表示 i 产业供应 j 产业。x_{ij}^{xy} 表示 x 区域的 i 产业供应 y 区域用于 j 产业生产消耗的数量；Y_i^{xy} 表示 x 区域

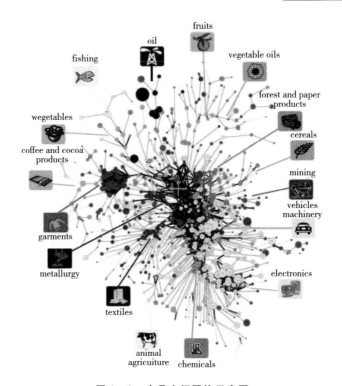

图 2 - 2　产品空间网络示意图

资料来源：Hidalgo 等（2007）。

i 产业供 y 区域作为最终产品的数量。

与基于投入产出关系构建单区域产业网络相比，最大的差异在于 W - T 指数需要分块计算。结合 Xiao 等（2017）[46]、张志英（2017）[47]等学者对区域间产业网络的建模方法，区域间产业网络建模步骤如下：

步骤 1：确定多区域产业网络的节点集。

步骤 2：选择区域间产业关联系数矩阵。

步骤 3：确定区域间产业网络 0 - 1 矩阵。由产业结构可知，区域内产业关联强度一般高于区域间产业关联强度，在确定多区域产业网络模型 0 - 1 矩阵时，一般对产业间关联系数矩阵进行分块求强关联。

表2-4　　　　　　　　　　区域间投入产出表基本结构

投入＼产出			中间使用				最终使用				总产出
			地区1		地区m		地区1	地区m	全国m+1	合计	
			部门1 … 部门n	…	部门1 … 部门n						
中间投入	地区1	部门1	x^{11}_{11} … x^{11}_{1n}	…	x^{1m}_{11} … x^{1m}_{1n}		Y^{11}_1 …	Y^{1m}_1	Y^{1m+1}_1	Y^{10}_1	X^1_1
		…	…	…	…		…	…	…	…	…
		部门n	x^{11}_{n1} … x^{11}_{nn}	…	x^{1m}_{n1} … x^{1m}_{nn}		Y^{11}_n …	Y^{1m}_n	Y^{1m+1}_n	Y^{10}_n	X^1_n
	…		…		…						
	地区m	部门1	x^{m1}_{11} … x^{m1}_{1n}		x^{mm}_{11} … x^{mm}_{1n}		Y^{m1}_1	Y^{mm}_1	Y^{mm+1}_1	Y^{m0}_1	X^m_1
		部门n	x^{m1}_{n1} … x^{m1}_{nn}		x^{mm}_{n1} … x^{mm}_{nn}		Y^{m1}_n	Y^{mm}_n	Y^{mm+1}_n	Y^{m0}_n	X^m_n
	小计										
增加值	固定资产折旧		D^1_1 … D^1_n		D^m_1 … D^m_n						
	劳动者报酬		V^1_1 … V^1_n		V^m_1 … V^m_n						
	社会纯收入		M^1_1 … M^1_n		M^m_1 … M^m_n						
	小计		N^1_1 … N^1_n		N^m_1 … N^m_n						
总投入			X^1_1 … X^1_n		X^m_1 … X^m_n						

资料来源：廖明球（2009）。

　　步骤4：构建区域间产业网络模型，如图2-3所示。

2.2.3　产业网络模型的应用领域

（1）单区域产业网络模型应用领域。

　　基于产业间投入产出关系构建的单区域产业网络，其应用领域主要包括：产业网络关联结构与特殊子网络结构研究（陈效珍，2015；邢李志等，2016；方大春等，2017；等）[48-50]，产业集群与产业升级研究（杜培林等，2015；姚刚等，2017；等）[51,52]，海洋经济（赵炳新等，2015；Xiao等，2016；等）[53,54]，能源与低碳研究（吕康娟等，2016；郭燕青和何地，2017；等）[55,56]。

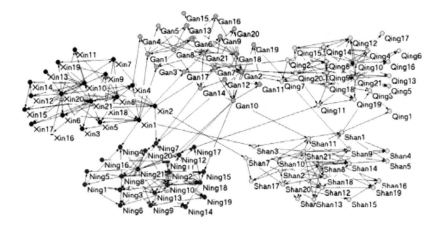

图 2 - 3　区域间产业网络示意图

资料来源：Xiao 等（2017）。

基于产业间接近性构建的产品空间网络，其应用领域主要是研究产业升级战略与产业升级路径（Hidalgo et al.，2007；Barroso，2013；张妍妍等，2014；张亭等，2017；等）[57-59]。

（2）区域间产业网络模型应用领域。

区域间产业网络，其应用领域主要包括：区域间产业网络关联结构与特殊子网络结构研究（邢李志和关峻，2012；刘颖男和王盼，2016；等）[60,61]，区域协同与跨区域产业链研究（肖雯雯等，2016；刘国巍等，2017；等）[62,63]，跨区域产业集群与产业升级研究（党政军和陈宏伟，2012；任慧和贾玉平，2013；胡黎明和赵瑞霞，2017；等）[64-66]，经济危机与产业波动（Acemoglu，2012；相雪梅，2016；赵炳新等，2017；等）[67-69]。

2.3　超网络提出及其内涵

现实世界中许多复杂系统是由不同网络相互交织形成的[70]，是多目标、多维度的均衡与优化问题，一般的单层网络难以有效揭示这些复杂系统内部的逻辑关系及其运行规律。运用超网络理论和方法研究此类多目标、多维度的均衡与优化问题，是思想上的重要突破。超网络是图论与网络科学研究的前沿领域，图论与网络科学的发展为超网络奠定了理论基础，见图 2 - 4。

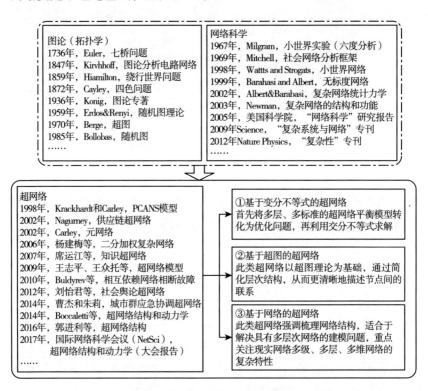

图 2 - 4　超网络方法形成与发展

　　图论起源于 1736 年欧拉研究的哥尼斯堡七桥问题，由此欧拉创立了"图论"，被誉为图论之父[71]。图论的基本思想是将系统中的元素抽象为点，将元素之间的关系抽象为边。图论能为系统的网络分析提供理论基础和计算工具，图论中的指标能够描述刻画系统结构提供重要信息[72]。20 世纪 40 年代开始，图论中的最小费用最大流、最小生成树、最短路模型成功地解决了很多管理问题，如工程进度安排、运输系统设计等[73]。此后，图论的应用构成管理科学中的重要分支，图论和拓扑学等应用数学方法的发展是现在网络方法形成的基础。

20 世纪 60 年代，图论被引入社会学研究，逐渐发展为网络科学。1967 年哈佛大学社会学家 Milgram 提出六度分离理论。随后，1969 年 Mitchell 提出社会网络分析框架，将社会中的人抽象成节点，将人与人之间的关系抽象为边。1998 年 Watts 和 Strogatz 在 *Nature* 发表 "*Collective dynamics of 'small - world' networks*"，提出了小世界网络模型[74]。1999 年 Barabási 和 Albert 在 *Science* 发表 "*Emergence of scaling in random networks*"，提出了无标度网络模型[75]。这两篇论文是网络科学发展中的重要成果，小世界网络与随机网络在真实世界不同领域的网络研究中得到验证。2002 年，Alber 和 Barabási 发表 "*Statistical mechanics of complex networks*" 的长篇综述[76]，梳理了统计物理的主要理论和方法在复杂网络研究中的应用。2005 年美国科学院发表 "网络科学" 研究报告，指出网络科学是利用网络来描述物理、生物和社会现象，并建立这些现象预测模型的科学[77]。2009 年 *Science* 设置了 "*Complex Systems and Networks*" 专刊，发表论文涉及生态网络[78]、生物网络[79]、科技社会网络[80]等复杂网络，是对复杂网络理论与应用的回顾和总结。2012 年 Nature Physics 设置 "*Complexity*" 专刊，Barabási 撰文指出网络方法范式已经在大量理论和实证研究成果上发展起来，形成了众多分析工具和算法，已经成为真实世界复杂性建模和研究必不可少的基础[81]。经过几十年的发展，网络科学在大量的实证研究推动下，在理解和解释社会、生物、经济和技术网络的特征和动力学方面，已经取得大量研究成果和理论进展（Hofmann，2016；Du，2017；Monaco，2018）[82-84]。

上述复杂系统的研究大多是基于单个网络模型的分析，在研究现实世界中的复杂系统时，会出现物流网络、信息网络、资金网络等不同网络相互交织的问题或网络中的网络问题，采用一般的单层网络难以完全刻画某些真实世界网络的特征[85]。因此出现了如何处理超越一般网络的网络系统问题，超网络在此背景下应运而生。

实际上，早在 1998 年，Krackhardt 和 Carley 提出的 PCANS 模型就已经有了超网络思想。PCANS 模型将社会网络方法引入组织理论，提出组织结构是由"人员、任务和资源"三种要素间的五种关系矩阵所形成的相互联系的网络。五种关系分别是任务与任务之间的优先关系 P（precedence）、任务与资源之间的资源配置关系 C（commitment of resources）、个体与任务之间的任务分配关系 A（assignment of personnel to tasks）、个体之间的关系网络 N（network）以及个体存取或控制资源的能力 S（skill）五种关系形成的网络，称为 PCANS 模型。2002 年 Carley 拓展了 PCANS 模型，提出组织系统多重关系建模的元网络方法。*Science* 在 2009 年 "*Complex Systems and Networks*" 专刊曾刊文介绍：元网络方法成功用于对由人、技术、任务、资源、事件、组织等要素组成的多重关系网络的建模和分析，相比较于经典社会网络方法只分析"谁"是网络中心的问题，元网络方法可以分析"人、时间、地点、发生什么和原因"等，超越了社会网络分析要做的事情[86]。

从已有文献看，最早提出"超网络"术语的是美国学者 Sheffi。Sheffi 于 1985 年在著作《城市交通网络》中首次使用术语"超网络"，通过引入虚拟点和虚拟边构建了交通生成、交通分布、交通方式划分和交通分配的多维运输系统超网络模型[87]。目前，在学术界，超网络还没有公认的统一的定义，较为认同的概念是 Nagurney（2002，2005）提出的"将高于而又超于现实网络的网络定义为超网络（above and beyond existing networks）"[88,89]。2003 年在罗马举行的 "Growing networks and Graphs in Statistical Physics，Finance，Biology and Social System" 国际会议上，提出了超网络是未来网络研究的十大关键问题之一[90]。此后，超网络成为学术界研究的热点问题之一，被广泛接受和使用，实际上，从超网络的定义看，近些年出现的相互依存网络、耦合网络、多层网络等也属于超网络的研究范畴（Gao，

2012；Boccaletti，2014；Mohammed，2015；Zheng，2016；Virkar，2018)[91-95]。

经过十几年发展，超网络已成为研究复杂集成问题的重要方法，出现了交通超网络、舆论超网络、供应链超网络、知识超网络、应急超网络等重要研究领域。在 2018 年国际网络科学会议①上，伦敦玛丽女王大学的 Bianconi 教授做了关于"多层网络结构和动力学"的大会报告，介绍了多层网络（超网络）的结构、生成模型、传播过程和进化博弈，及其在社会科学、技术、经济、医学等方面的应用，指出多层网络（超网络）表现出与单层网络迥然不同的性质，呈现出许多有意义的新规律，如发现网络间相互依赖是系统脆弱性的根源之一，是复杂网络研究的前沿课题。

2.4 超网络建模技术

从研究超网络的方法看，超网络可以分为基于变分不等式的超网络、基于超图的超网络和基于网络的超网络，下面分别进行文献梳理。

2.4.1 基于变分不等式的超网络

基于变分不等式的超网络主要是运用变分不等式来解决超网络平衡模型的优化问题：先将多层、多标准的超网络平衡模型转化为优化问题，再利用变分不等式求解（Nagurney，2005；王众托等，2008；乐承毅等，2013；马军等，2015；郭秋萍等，2016 等)[96-98]。

---

① 国际网络科学会议 NetSciX 是网络科学的顶级国际大会，于 2006 年网络科学领域著名学者 Barabási 发起，旨在促进网络科学在数学、物理、计算机、社会科学、医学等领域的跨学科交流与合作。2018 年 1 月 5 日至 8 日该会议在中国杭州召开。

目前，基于变分不等式的超网络主要应用在交通、供应链、金融、知识管理、产业集群升级等领域。

在交通与供应链领域：Nagurney（2005）将多层、多标准用于研究供应链超网络，建立了由不同决策者组成的动态供应链超网络模型，得到该超网络系统达到均衡的条件，从而确定供应链中涉及的交易价格和交易量。吴义生等（2017）构建了网购背景下的低碳供应链超网络，运用变分不等式，分别建立了基于供应链各成员企业的单体超网络优化模型和基于供应链所有成员企业的整体超网络优化模型，并进行求解[99]。

在金融领域：Bautu等（2009）、汪桥红（2015）、张婷和米传民（2016）等学者构建了互联网金融超网络，运用变分不等式研究金融超网络均衡解的存在性条件和唯一性条件，在此基础上，求解出整个金融超网络的均衡条件[100-102]。

在知识管理领域：张苏荣和王文平（2011）构建了基于知识网络、经济网络和社会网络的超网络模型，并运用变分不等式对最优目标约束条件进行了分析[103]。Wang（2015）、刘丹等（2016）构建了知识共享和社会关系的超网络模型，并构建了基于关系价值最大和成本最小等不同偏好下的多目标最优决策模型，在此基础上，运用变分不等式对其求解[104,105]。

在产业集群领域：Estrada（2006）、朱兵等（2011）、黄新焕和王文平（2014）等学者构建产业集群超网络模型，从成本与收益的角度，构建多目标最优决策模型，在此基础上，运用变分不等式得到产业集群超网络的均衡状态[106-108]。

2.4.2 基于超图的超网络

基于超图的的超网络（Hypernetwork）主要以超图理论为基础，通过简化层次结构，从而更清晰地描述节点间的联系（Irving，2012；

Pearcy，2016；索琪和郭进利，2017 等)[109-111]。超图是 Berge 于 1973 年提出的[112]，超图不同于一般图论中的无向图或有向图，超图中的边可以连接两个以上的节点，称为超边。超图作为一类特殊的图工具，虽不像单层网络中的边易于运用，但是对复杂的网络系统的描述具有其特别的优势。

目前，基于超图的超网络研究主要包括超网络结构研究及其在 C^4ISR 系统、市场信息数据挖掘、信息传播等领域的应用研究。

在超网络结构研究方面：Battiston 等（2016）研究了超网络的社团结构识别问题[113]；索琪和郭进利（2017）归纳了用于刻画超网络结构的静态拓扑指标，总结了刻画超网络动力学过程的演化模型。

在 C^4ISR 系统研究方面：蓝羽石和张杰勇（2016）基于超图思想定义网络中心化 C^4ISR 模型，在此基础上，研究了其应用设想[114]。

在市场信息数据挖掘方面：蔡淑琴等（2008）以超图理论为基础，研究了市场机遇发现的超图模型表示和超图路径求解算法[115]。

在信息传播方面：王恒山等（2012）、潘芳等（2014）、Suo（2017）建立了基于微博上信息传播的超网络模型，利用超图的数学理论，建立了超网络拓扑结构图[116-118]。

2.4.3 基于网络的超网络

基于网络的超网络（Supernetwork）强调梳理网络结构，重点关注现实网络多级、多层、多维网络的复杂特性，适合于解决具有多层次网络的建模问题，为分析大规模系统各组成部分之间的关系提供了新方法。

目前，基于网络的超网络主要应用在舆情传播、专家知识协作、国际贸易等领域。

在舆情传播方面：刘怡君等（2012）、Liu（2014）、刘怡君等（2016）构建了基于社交、心理、环境和观点的社会舆论超网络模型，设计了逻辑自洽的多层网络交互机制，为网络舆论的演化和干预等研究奠定理论基础，提出了基于超三角形的超链路预测方法研究社会舆论超网络的演化[119-121]。Tian（2014）在构建社会舆论超网络模型基础上，研究了干扰舆论传播的三种策略[122]。Ma（2014）在构建社会舆论超网络模型基础上，运用超链路排序算法，识别舆论中的意见领袖[123]。

在专家知识协作方面：方哲等（2017）针对科技评估及论证实践中专家知识协作网络的特点，提出领域、专家、知识三层加权超网络模型，以刻画和描述专家知识协作的领域社区特性和知识协作机理[124]。

在国际贸易方面：刘潇和杨建梅（2015）构建了国际贸易超网络，涉及企业 A、技术 K、产品 R、区域 L、出口市场 T 五类主体，以企业为研究基础，分别构建出口企业技术隶属网（A - K），企业出口产品网（A - R）和企业出口市场网（A - T）的两层超网络，用以分析企业与技术、产品、区域、出口市场之间的关系，识别出关键实体并进行分析。

2.5　文献评述与进一步研究

从文献回顾可以看出，已有研究成果对海洋经济发展具有重要意义，但从文献调研发现，以下方面还需要进一步研究。①目前对海洋经济的研究多是中观产业、微观企业和宏观区域单一维度主体的研究，或是两两之间的交互研究，较少考虑海洋经济中观、微观和宏观多维空间的整体设计。实际上，海洋经济中产业、企业、区域三维度主体交互作用，共同影响海洋经济发展。发展海洋经济是一项系统工程，是一个典型的多目标多维度的均衡与优化问题，必须升级发展理念。因此，本书基于系统思考，将产业、企业和区域放到同一研究框架中进行整体设计，由单一维度转变为多维度思考。②多数文献是定性描述海洋经济系统结构及运行机理，需要定量分析以提高决策的科学性和准确性。超网络是研究多目标多维度的定量分析方法，与单层网络相比，超网络可以涵盖更丰富的信息，对现实世界中的问题进行更全面的定量描述。因此，本书引入超网络理论和方法，定量分析海洋经济中产业、企业和区域多维度主体及其之间的关联结构，明确多维度主体之间的逻辑关系和运行机理。③超网络是研究多目标、多主体、多层次均衡与优化问题的有效方法。目前基于变分不等式的超网络研究成果较多，其他两类超网络研究成果相对较少。基于网络的超网络（Supernetwork）为分析系统各组成部分之间的关系及其结构提供了新方法，其拓扑结构可以用基于超图的超网络（Hypernetwork）来分析，通过引入超边，降低网络结构复杂性，能更有效地刻画超网络中的复杂关系。

总之，本书针对海洋经济多目标、多主体、动态演化的特点，结合以上文献的不足，从产业、企业和区域多维度，运用超网络方法定量研究海洋经济超网络及其动态演化，为实现海洋经济的"生态优先、海陆协同"提供新的思路和方法，为识别海洋经济空间优化路径、制定和实施海洋经济战略提供有效的方法和工具。

第3章　海洋经济超网络模型构建研究

3.1 海洋经济超网络基本问题

3.1.1 海洋经济超网络研究主体

海洋经济是一个多维度的动态复杂系统，以往单一维度的研究难以涵盖如此丰富的信息，本章拟运用超网络方法，将影响海洋经济运行的产业、企业、区域置于一个分析框架下进行系统研究，描述海洋经济当前系统结构和运行状态。

本书研究海洋经济空间演化，在主体选择上，重点考虑产业、企业和区域。这主要是因为，从主体功能看，第一，产业是海洋经济运行的重要支撑，被界定为具有某种同类属性的企业经济活动的集合，产业间依赖与制约关系是海洋经济活动中重要的基础性关系，产业关联影响着微观层面的企业行为和宏观层面的经贸往来；产业间关联关系的形成主要基于产业上下游关系和产业间技术经济联系，产业上下游关系主要指在生产过程中上游产业为下游产业提供产品或服务，这是产业间最基本的联系；产业间技术经济联系主要指在生产过程中，一个产业依据本产业部门的生产技术特点对所需相关产业的产品和服务提出工艺、技术标准和质量等要求。第二，企业是价值创造的微观主体，是海洋经济绿色发展的具体推动者和关键行动者；企业是一个历史的范畴，在相当长的时间里，人类生产活动是以个体/群体为单位进行的，企业可以看作为了追求利润最大，不同组成部分的协同体；企业是价值的创造者，企业的生产过程就是创造新价值的过程，企业通过更加合理地整合各种生产要素，更有效率地分工协作，降低成本增加利润；企业间关系主要是竞争与合作关系，而企业间竞争与合作的根源都是资源的稀缺性，有限的资源必然产生企业竞争，而有限的资源又要求资源共享和互补，这必然产生企业合作。第三，区域是人流、物流、资金流、信息流等要素交流的枢纽，是海洋经济活动的空间载体；区域是一个客观上存在的、抽象的概念，地球表面上的任何部分，一个地区、一个国家甚至几个国家均可称为区域。本书的区域采用 Hoover（1971）给出的定义"为了叙述、分析、管理、规划或制定政策等目的，而作为客观实体来加以考虑的一片地区，它可以根据内部经济活动同质性或功能同一性加以划分"。

3.1.2　海洋经济超网络定义

（1）海洋经济超网络含义。

海洋经济超网络（Maritime Economic Supernetwork，MESN），见图 3-1。海洋经济超网络可以看作是以产业为基础，产业与企业、区域等其他主体交互作用形成的客观存在的复杂系统，反映了海洋经济管理问题。

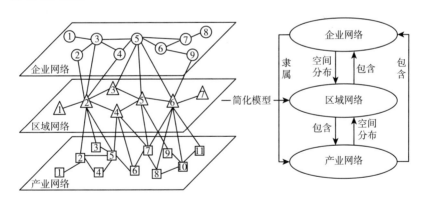

图 3-1　海洋经济超网络模型示意图

（2）海洋经济超网络定义。

通过上述对海洋经济超网络内涵的分析，本部分对海洋经济超网络、产业—企业超网络、产业—区域超网络、企业—区域超网络，以及三层子网络进行定义。

定义 3.1　海洋经济超网络。海洋经济超网络 MESN 由三层子网络集合ℕ 和层间超边集合 SE 组成，MESN = {ℕ，SE}，其中ℕ = {N$_\alpha$；$\alpha \in$ {I，E，R}}，N$_\alpha$ = (V$_\alpha$，E$_\alpha$)，$\alpha \in$ {I，E，R} 为海洋经济超网络的子网络，SE = {E$_{\alpha\beta}$ $\in$ V$_\alpha$ × V$_\beta$ × V$_\gamma$；α，β，$\gamma \in$ {I，E，R}，$\alpha \neq \beta \neq \gamma$} 为不同子网络 N$_\alpha$、N$_\beta$、N$_\gamma$ 节点间连边的集合，SE 中的组成元素称为海洋经济超网络的超边。

定义 3.2 产业—企业超网络。由产业网络和企业网络两层网络耦合而成的超网络，称作产业—企业超网络，记作 IESN，IESN = (ℕ$_{I-E}$，SE$_{I-E}$)，其中ℕ$_{I-E}$ = {N$_\alpha$；$\alpha \in$ {I，E}}，SE$_{I-E}$ = {E$_{\alpha\beta}$ $\in$ V$_\alpha$ × V$_\beta$；α，$\beta \in$ {I，E}，$\alpha \neq \beta$} 为产业与企业之间的超边集。在研究单个区域内产业和企业关联结构时（如研究某一特定区域内的金融、高新技术、旅游等产业集群时），海洋经济超网络可以简化为产业—企业超网络。

定义 3.3 产业—区域超网络。由产业网络和区域网络两层网络耦合而成的超网络，称作产业—区域超网络，记作 IRSN，IRSN = (ℕ$_{I-R}$，SE$_{I-R}$)，其中ℕ$_{I-R}$ = {N$_\alpha$；$\alpha \in$ {I，R}}，SE$_{I-R}$ = {E$_{\alpha\beta}$ $\in$ V$_\alpha$ × V$_\beta$；α，$\beta \in$ {I，R}，$\alpha \neq \beta$} 为产业与区域之间的超边集。在不考虑企业微观层面时（如研究某产业区域布局时），海洋经济超网络可以简化为产业—区域超网络。

定义 3.4 企业—区域超网络。由企业网络和区域网络两层网络耦合而成的超网络，称作企业—区域超网络，记作 ERSN，ERSN = (ℕ$_{E-R}$，SE$_{E-R}$)，其中ℕ$_{E-R}$ = {N$_\alpha$；$\alpha \in$ {E，R}}，SE$_{E-R}$ = {E$_{\alpha\beta}$ $\in$ V$_\alpha$ × V$_\beta$；α，$\beta \in$ {E，R}，$\alpha \neq \beta$} 为企业与区域之间的超边集。在不考虑产业层面时（如研究某类企业空间格局时），海洋经济超网络可以简化为企业—区域超网络。

定义 3.5 产业网络[①]。产业网络是以经济系统中产业为节点，

---

① 一般来讲，产业网络是一个有向网络，但在研究具体问题时，为了简化也可以将其作为无向网络处理。若研究产业间关联强度，可以利用消耗/分配系数等对边进行赋权，反之可以不考虑边的权重。

以产业间上下游关系或技术经济联系为边形成的网络模型，记作 N_I。其网络模型表示为 $N_I = (V_I, E_I)$，当考虑边的权重时，其网络模型表示为 $N_I = (V_I, E_I, W_I)$，其中 $V_I = \{v_{I1}, v_{I2}, \cdots, v_{In}\}$ 为产业网络节点集，$E_I = \{(v_{Ii}, v_{Ij}) \mid i, j = 1, 2, \cdots, n\}$ 为产业网络边集，$W_I = w(v_{Ii}, v_{Ij})$ 为产业网络边的权重。

定义 3.6　企业网络[①]。在本书的研究中，企业网络 N_E 包括企业竞争网络 N_{EC} 和企业合作网络 N_{ET}。企业竞争网络是以企业为节点，以企业间竞争关系为边形成的网络模型，其网络模型表示为 $N_{EC} = (V_{EC}, E_{EC})$，当考虑边的权重时，其网络模型表示为 $N_{EC} = (V_{EC}, E_{EC}, W_{EC})$，其中 $V_{EC} = \{v_{Ec1}, v_{Ec2}, \cdots, v_{Ecn}\}$ 为企业竞争网络节点集，$E_{EC} = \{(v_{Ecp}, v_{Ecq}) \mid p, q = 1, 2, \cdots, n\}$ 为企业竞争网络边集，$W_{EC} = w(v_{ECp}, v_{ECq})$ 为企业竞争网络边的权重。企业合作网络是以企业为节点，以企业间合作关系为边形成的网络模型，其网络模型表示为 $N_{ET} = (V_{ET}, E_{ET})$，当考虑边的权重时，其网络模型表示为 $N_{ET} = (V_{ET}, E_{ET}, W_{ET})$，其中 $V_{ET} = \{v_{ET1}, v_{ET2}, \cdots, v_{ETn}\}$ 为企业合作网络节点集，$E_{ET} = \{(v_{ETs}, v_{ETt}) \mid s, t = 1, 2, \cdots, n\}$ 为企业合作网络边集，$W_{ET} = w(v_{ETs}, v_{ETt})$ 为企业合作网络边的权重。

定义 3.7　区域网络[②]。区域网络是以区域为节点，以区域间产业经贸往来为边形成的网络模型，其网络模型表示为 $N_R = (V_R, E_R)$，当考虑边的权重时，其网络模型表示为 $N_R = (V_R, E_R, W_R)$，其中 $V_R = \{v_{R1}, v_{R2}, \cdots, v_{Rm}\}$ 为区域网络节点集，$E_R = \{(v_{Rx}, v_{Ry}) \mid x, y = 1, 2, \cdots, m\}$ 为区域网络边集，$W_R = w(v_{Rx}, v_{Ry})$ 为区域网络边的权重。

---

①　根据企业间竞争与合作关系，企业网络包括企业竞争网络和企业合作网络，在定义 3.2 中分别对其进行定义。企业竞争网络和企业合作网络是无向网络，若研究企业间竞争或合作的强度，需要对边进行赋权，反之可以不考虑边的权重。为了表述简洁，在不影响研究的情况下，本书在超网络定义、异质节点映射、链路预测等地方，不区分企业竞争网络和企业合作网络，以企业网络进行统一定义或分析。当然在实证分析时，根据研究问题，选取企业竞争网络或企业合作网络进行具体分析。

②　本书研究的区域网络是无向网络，若研究区域间关联的强度，需要对边进行赋权，反之可以不考虑边的权重。

3.1.3 海洋经济超网络特征

海洋经济超网络中不同维度主体在整体上协同作用、相辅相成、互相影响、互为制约，海洋经济超网络层内与层间关联结构共同揭示了海洋经济系统结构和当前状态。海洋经济超网络除了具备一般网络的特性外，还具有多维度主体、多属性和多层次的特征：第一，多维度主体特征。海洋经济超网络涉及产业、企业、区域等多类异质性主体，其中同质主体之间存在关联，异质主体之间也存在关联。基于多维度主体特征，海洋经济超网络能涵盖更多、更丰富的信息量，能更有效地研究真实世界中复杂多样的经济管理问题。第二，多属性特征。海洋经济超网络的异质主体具有不同属性。在构建海洋经济超网络时，要充分考虑异质主体的属性差异，如构建产业子网络层，主要考虑产业间技术经济联系，构建企业子网络层，主要考虑企业间竞争或合作联系，构建区域子网络层，主要考虑区域间的经贸往来。第三，多层次特征。海洋经济超网络包含产业网络、企业网络、区域网络三层网络，层与层之间依据节点映射和层间逻辑关系形成超网络。海洋经济超网络将企业微观层面、产业中观层面和区域宏观层面的数据集成起来构建网络模型。因海洋经济超网络的多层次特征，海洋经济超网络能表达出许多单层产业网络无法表达的信息。

3.2 海洋经济超网络模型构建原理

3.2.1 子网络建模原理

（1）产业网络建模原理。

本书基于海洋投入产出数据，通过识别产业间强关联构建海洋产业网络模型。投入产出表以矩阵的形式描述了国民经济各部门在一定时期（通常为一年）生产中的投入来源和产出去向，其中中间流量数据是生产过程中产业之间的投入与消耗，系统地反映了产业部门两两之间相互依存、相互制约的技术经济联系[125]。从投入产出表的中间流量矩阵可以看出，一个产业生产过程中需要多个产业的投入，但对每个产业的需求量不同，且只对少数产业需求量较大，对大多数产业的需求量均较小，中间存在明显的拐点。如选取中国 2012 年（42部门）投入产出表①中的 1 号产业（农林牧渔产品和服务）、2 号产业（煤炭采选产品）和 3 号产业（石油和天然气开采产品），以此为例说明产业不平衡投入现象。计算这三个产业对产业系统中 42 个产业的直接消耗系数，并将直接消耗系数按从大到小的顺序进行排列，如图 3 - 2 所示。

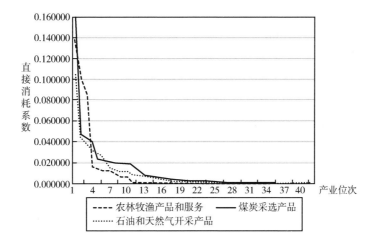

图 3 - 2　中国 2012 年 1 号、2 号和 3 号产业直接消耗系数排序

从图 3 - 2 可以看出，在 2012 年 42 部门投入产出表中，1 号、2 号和 3 号产业生产过程中需要几十个产业的投入，但只对 10 个左右产业的需求量较大，对其他大多数产业的需求量较小，即直接消耗系

①　这里选取的投入产出表是国家统计局国民经济核算司公开发布的中国 2012 年 42部门投入产出表。

数存在明显的拐点。同样，该特征也存在于产业分配过程。

从以上分析可知，在投入产出模型中，目标产业对其他产业的消耗/分配存在明显的不均衡特点，即目标产业与一些产业投入产出关系显著，而与其他产业投入产出关系不显著。只有显著的投入产出关系才会对产业关联结构产生明显影响，因此，构建产业网络的关键是识别产业间强关联。

基于此，构建产业网络模型的基本原理是：首先，根据投入产出表中对产业部门的分类确定产业节点；其次，计算产业的直接消耗系数或直接分配系数等，以此量化产业间的关联关系，构建产业关联系数矩阵；再次，依据产业关联系数矩阵，找出产业间的强关联关系[1]，过滤掉产业间弱关联关系；最后，以产业对应网络中的点，以产业间关系对应网络中的边，构建产业网络模型。

（2）企业网络建模原理。

在信息化和全球化时代，企业的价值创造方式由独自创造转向了企业间协同创造[126]。在企业协同创造价值过程中，企业以多种方式和其他企业产生了联系，如竞争关系、合作关系、母公司对子公司的控制关系等[127]。其中最主要的关系是企业间的竞争和合作关系，被称作企业竞合关系[128]。Chirgui（2005）提出企业竞合是指同一产业内企业间的竞争关系和上下游产业中企业之间的合作关系[129]，基于此定义，企业间竞争关系在超网络中表现为两个企业对应同一个产业，企业间上下游关系在超网络中表现为两个企业对应的产业是上下游关系或存在技术经济联系。

构建企业竞争网络时，若两个企业与同一个产业存在映射关系[2]，则两个企业之间连边，表示企业之间存在竞争关系，如图 3-3 所示。

---

① 目前文献中确定产业间强关联有不同方法，本书利用赵炳新（2011）提出的威弗组合指数识别产业强关联，将在产业网络建模步骤中详细论述。

② 对于某企业与哪个产业存在映射关系的问题，本书主要根据该企业生产的主要产品，结合国民经济行业分类与代码（GB_T_4754-2002）进行判断。

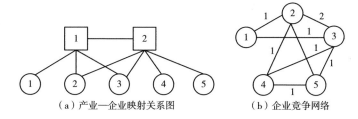

（a）产业—企业映射关系图　　　　（b）企业竞争网络

图 3 - 3　企业竞争网络生成示意图

注：图中正方形代表产业，圆形代表企业。

构建企业合作网络时，若两个企业对应的产业是上下游关系或存在技术经济联系，则两个企业之间连边，表示企业之间存在合作关系，如图 3 - 4 所示。

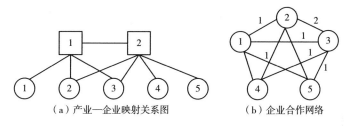

（a）产业—企业映射关系图　　　　（b）企业合作网络

图 3 - 4　企业合作网络生成示意图

注：图中正方形代表产业，圆形代表企业。

从图 3 - 3 和图 3 - 4 可以看出，在相同的企业—产业结构下，企业竞争网络和企业合作网络的网络结构不同。

此外，企业竞争网络和企业合作网络是一个赋权网络。在企业竞争网络中，边权重代表两个企业之间有竞争关系的产品数量。在企业合作网络中，边权重代表两个企业之间有合作关系的产品数量。

基于此，构建企业网络模型的基本原理是：首先，根据研究产业所覆盖的企业确定企业节点；其次，依据以上产业与企业之间的映射关系，对企业进行连边，并确定企业边的权重；最后，以企业对应网络中的点，以企业间关系对应网络中的边，构建企业网络模型。

（3）区域网络建模原理。

全球化时代，"空间"一词被赋予了新的逻辑[130]。Castells 在 "*The rise of the network society*" 书中提出"流空间"理论①，弱化了区域的地理属性，认为社会活动是由各种"流"构成的，如资本流、信息流、技术流、组织互动流等[131]，区域空间的核心任务是提供物质支持来支撑这些"流"的活动。Camagni 指出区域间的技术性基础设施（如交通网络、信息网络、通信网络等）和经济社会活动是形成区域网络的两个重要方面[132]。基于此，学术界目前认为区域（城市）网络包括两类：一类是以区域（城市）间基础设施为基础的网络，称为"硬网络"（Abramson，2000；刘辉等，2013；王姣娥等，2015；陈伟等，2017；等）[133-136]；另一类是与区域（城市）间经济社会活动相关的网络，称为"软网络"（武前波等，2012；王聪等，2014；蒋小荣等，2017；等）[137-139]。这些成果基于区域间不同的关联关系构建了区域网络模型，对研究区域结构、识别关键区域具有重要理论和实践意义。

本书构建的区域网络是海洋经济超网络的子网络，其网络结构应刻画区域间因产业关联而产生的经贸往来和相互影响，但目前少有从区域间贸易关联构建区域网络的研究成果。基于此，本书将提出有别于已有文献的区域网络建模方法，建模关键是依据区域间的经贸关系构建区域网络模型。反映区域间产业经贸关系最直接的数据是区域间投入产出数据。区域间投入产出数据将各地区各产业的投入使用进行细分，以此反映两两地区之间各产业部门之间的贸易关系。但区域间投入产出表编制工程巨大，需要花费巨大的人力、物力、财力，因此官方或学术组织公布的区域间投入产出表种类较少，不一定符合研究需要。例如，利用世界投入产出表②（WIOD）只能研究国家层面的联系，无法细化到国家内部，分析城市之间的联系；又如我国统计局

---

① Castells M. The Rise of the Network Society [M]. Cambridge, MA：Blackwell. 2009.

② WIOD 数据库的网址为 http：//www.wiod.org/home.

编制的区域间投入产出表是八大区域投入产出表，可以反映东北、京津、北部沿海、东部沿海、南部沿海、中部、西北、西南八大区域的产业关联，但难以反映省域层面及以下区域的产业关联；石敏俊教授团队、刘卫东教授团队分别编制了 2002 年和 2007 年中国 30 个省区市区域间投入产出表[140,141]，可以反映中国 30 个省区市之间的产业关联，但难以反映市域层面及以下区域的产业关联。

在此情况下，本书提出两种方法构建区域网络模型。第一种，若所研究的区域范围存在官方公布的区域间投入产出表，则利用区域间投入产出数据识别区域间强关联关系，以此为基础，构建区域网络模型；第二种，若所研究的区域范围不存在官方公布的区域间投入产出表，则引入企业这一微观变量，通过企业间贸易往来识别区域强关联关系，以此为基础，构建区域网络模型。下面分别阐述这两种建模原理。

①基于区域间投入产出表构建区域网络的基本原理。

基于区域间投入产出表首先构建区域间产业网络，在此基础上，判定两个区域因产业贸易而产生关联的基本原理是：设产业 v_{Ii} 和 v_{Ij}，区域 v_{Rx} 和 v_{Ry}，$v_{Ii} \in v_{Rx}$，$v_{Ij} \in v_{Ry}$，如果 $\overrightarrow{v_{Ii} v_{Ij}}$ 或 $\overrightarrow{v_{Ij} v_{Ii}}$，那么 $\overline{v_{Rx} v_{Ry}}$，见图 3 - 5。

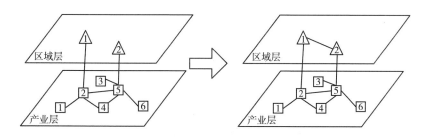

图 3 - 5　两区域间关联形成的原理分析

当然因为两个区域之间有多个产业的贸易往来，区域网络是一个赋权网络，边的权重反映两个区域之间关联的强弱，见图 3 - 6。

在图 3 - 6 中，区域 1 有产业 2 和产业 3，区域 2 有产业 5，因产业 2、产业 3 都与产业 5 有关联关系，因此区域 1 和区域 2 之间的边

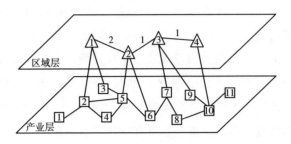

图 3 - 6   区域赋权网络示意图

权重为 2。

②基于企业活动构建区域网络的基本原理。

当所研究的区域范围不存在官方公布的区域间投入产出表时，可依据企业活动构建区域网络模型。其基本原理是：设产业 v_{Ii} 和 v_{Ij}，区域 v_{Rx} 和 v_{Ry}，企业 v_{Ep} 和 v_{Eq}，$v_{Ep} \in v_{Ii}$，$v_{Ep} \in v_{Rx}$ 且 $v_{Eq} \in v_{Ij}$，$v_{Eq} \in v_{Ry}$，如果 $\overrightarrow{v_{Ii}v_{Ij}}$ 或 $\overrightarrow{v_{Ij}v_{Ii}}$，那么 $\overline{v_{Rx}v_{Ry}}$，见图 3 - 7。

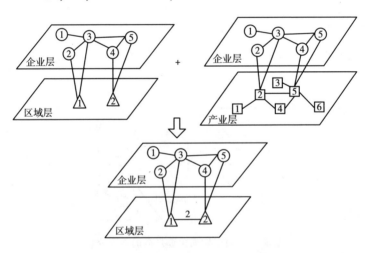

图 3 - 7   基于企业活动的区域网络模型构建原理

同样，因为两个区域之间有多个企业的贸易往来，依据企业活动构建的区域网络也是一个赋权网络，边的权重反映两个区域之间关联的强弱，具体建模步骤将在 3.3 节进行阐述。

3.2.2　子网络耦合原理

海洋经济超网络并不是产业网络、企业网络和区域网络三层网络的简单堆积，三层网络之间通过科学耦合才能形成真正的超网络。子网络基于不同耦合原理将得到不同超网络，如图 3 - 8 所示。

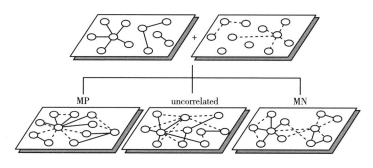

图 3 - 8　子网络结构耦合示意图

资料来源：Lee，2015[142]。

从图 3 - 8 可以看出，子网络基于不同的耦合原理进行耦合，得到的超网络不同。图 3 - 8 列出了三种耦合原理。MP 耦合为 maximally - positive 耦合，即在两层网络耦合时，根据节点度大小，节点顺序相连，如第一层网络中节点度最大（最小）的点与第二层网络中节点度最大（最小）的点相连；Uncorrelated 耦合指两层网络中的节点随机相连；MN 耦合为 maximally - negative 耦合，即在两层网络耦合时，根据节点度大小，节点按反方向顺序相连，如第一层网络中节点度最小（最大）的点与第二层网络中节点度最大（最小）的点相连。

海洋经济超网络的子网络耦合包括两个重要方面：一是异质节点间映射关系，二是子网络层间逻辑关系。

（1）异质节点间映射关系。

超网络异质节点间一般有包含、互补、合作、依赖、空间分布、隶属等映射方式。例如，在电力信息—物理超网络中，异质节点之间通过相互依存关系映射[143]；在知识超网络中，异质节点之间通过隶属关系映射[144]；在舆情超网络中，异质节点之间也通过隶属关系映射[145]。

　　海洋经济超网络异质节点间映射关系包括产业与企业之间的映射关系、产业与区域之间的映射关系、企业与区域之间的映射关系。①产业与企业节点间映射关系，指某个产业可能包含哪些企业和某个企业可能隶属于哪些产业。产业与企业之间是多对多映射，如滨海旅游产业下包括的企业可能有滨海度假村、海滨酒店等，某个企业可能隶属于海洋渔业和海洋生物医药业等。②产业与区域节点间映射关系，指某个产业在区域上的空间分布和某个区域可能包含的产业。产业与区域之间是多对多映射，如某海洋产业在多个沿海区域的空间分布以及某个沿海区域包含多个海洋产业。③企业与区域节点间映射关系，指某个企业在区域上的空间分布和某个区域可能包含的企业。由于本书将企业总部与企业分公司、企业办事处等视作不同企业，因此某个企业只存在于一个区域内，一个区域可以有多个企业，企业与区域之间是多对一映射。如某海滨酒店只存在于一个区域内，但一个区域内可能存在多个海滨酒店。海洋经济超网络节点间的映射关系见图3-9。

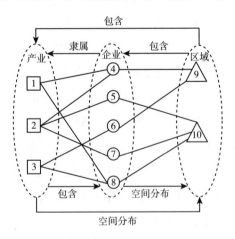

图3-9　海洋经济超网络节点映射关系

（2）子网络层间逻辑关系。

海洋经济超网络包含三层子网络：产业网络、企业网络和区域网络，三层子网络互相促进、互为制约，层内关系和层间关系错综复杂。产业间的依赖与制约关系是经济活动中重要的基础性关系，产业作为经济运行的中观层面，连接着微观层面的企业行为和宏观区域层面的经贸往来。从网络视角看，产业网络是价值创造及经贸往来的内在基础；企业网络是价值创造的微观主体；区域网络是经济活动的空间载体，区域关联结构是产业贸易在区域层面的反映。

基于此，本书根据"产业网络→企业网络→区域网络"构建海洋经济超网络，首先，基于产业间上下游关系和技术经济联系构建产业网络；其次，依据产业网络（子网络）中产业所对应的企业范围，结合企业生产的产品构建企业网络；最后，依据企业所在区域和区域间经贸往来构建区域网络。

"产业网络→企业网络→区域网络"的层间逻辑关系包括两种情况：①产业网络整体与其他两层网络层间逻辑。此时，需要确定产业网络中所有产业对应的企业范围和区域范围，构建企业网络和区域网络，在此基础上将三层网络耦合成超网络。②产业子网络与其他两层网络层间逻辑。这里的产业子网络可能是具有某种属性的产业形成的子网络（如海洋产业群、高新技术产业群、金融产业群等），也可能是具有某种特定网络结构的产业形成的子网络（如基础关联结构形成的子网络、核结构形成的子网络）。此时，只需要确定子网络中所有产业对应的企业范围和区域范围，所研究子网络外的产业均不予分析，在此基础上，构建企业网络和区域网络，并将产业子网络、企业网络和区域网络耦合成超网络。

3.3　子网络模型构建步骤

3.3.1　产业网络模型构建步骤

由产业网络建模原理可知，依据产业间强关联建立网络模型是产业网络模型构建的核心。本书构建单区域产业网络和区域间产业网络都是基于"产业间强关联",但对于单区域投入产出数据和多区域投入产出数据,产业网络建模存在不同。基于此,下面分别阐述单区域产业网络模型和区域间产业网络模型构建步骤。

(1)单区域产业网络模型构建步骤。

步骤1:确定单区域产业网络的节点集。

产业网络的节点是按一定规则划分的产业部门。本书依据投入产出数据构建产业网络模型,因而主要根据投入产出表中产业的划分确定产业网络的节点。例如,采用中国42部门投入产出表(2012年)或中国65部门投入产出表(2010年)构建单区域产业网络模型,网络的节点集分别包括42个节点和65个节点。根据具体研究问题,也可以对投入产出表中的产业部门进行拆分或合并。

步骤2:选择产业间关联系数矩阵。

产业间关联系数矩阵是对产业间两两相互联系的一种反映,不同的产业间关联系数矩阵反映产业间的不同联系。产业间关联系数矩阵包括中间流量矩阵、直接消耗系数矩阵、完全消耗系数矩阵、直接分配系数矩阵、完全分配系数矩阵等。

消耗系数矩阵和分配系数矩阵研究的侧重点不同,其中消耗系数(尤其是直接消耗系数)重点反映后向联系,分配系数(尤其是直接分配系数)重点反映前向联系[1]。如建铁路过程中需要的钢材、水泥、电等产品,该过程将拉动这些部门产出的增长,这属于后向联系;铁路建成后,将被货运、客运、旅游等部门使用,这属于前向联系。在研究过程中,根据不同的研究需要,选取合适的产业间关联系数矩阵。

步骤3:确定单区域产业网络0-1矩阵。

确定单区域产业网络0-1矩阵的关键是找到产业间强关联临界

---

[1] 夏明,张红霞. 投入产出分析理论、方法与数据 [M]. 北京:中国人民大学出版社,2013:29.

值。产业间关联以产业强关联临界值为界，划分为强关联与弱关联。在构建产业网络模型时，一般采用经验值、平均值、内生值等方法确定产业强关联临界值。根据这几个方法的特点，本书采用威弗组合指数（Weaver – Thomas，W – T）确定产业强关联。

W – T 指数是从不均匀数据中识别关键元素的有效方法，目前在区域经济学的关键因素识别中得到广泛应用。用 W – T 指数识别产业强关联时，其核心思想是对比产业的观察分布与假设分布，从而建立一个最接近实际情况的近似分布，根据产业观察值的具体分布计算威弗组合指数，以此确定临界值，在尽量消除主观判断影响下识别出产业间的显著关联。

投入产出表的中间流量矩阵、消耗系数矩阵和分配系数矩阵都是 n×n 的方阵，E(i, 1)，E(i, 2)，…，E(i, j)，…，E(i, n)（i = 1，2，…，n）可以看作第 i 个样本下的 n 个指标值，E(1, j)，E(2, j)，…，E(i, j)，…，E(n, j)（j = 1，2，…，n）可以看作第 j 个指标下的 n 个样本。

利用 W – T 指数确定产业强关联，从产业间关联系数矩阵的列项出发，计算 W – T 指数，确定临界值，其步骤为：

①将每个指标下的 n 个样本按从大到小的顺序排列，即将产业间关联系数矩阵的每一列 E(1, j)，E(2, j)，…，E(i, j)，…，E(n, j)（i, j = 1，2，…，n）按从大到小的顺序排列，得到调整后矩阵 F(i, j)（i, j = 1，2，…n），为标记矩阵 E(i, j) 与矩阵 F(i, j) 元素位置对应关系，设矩阵 IndexE(i, j)。

②计算矩阵 F(i, j) 对应的 W – T 指数矩阵 w(i, j)：

$$w(i,j) = \sum_{i=1}^{n} \left[s(k,i) - 100 \times \frac{F(k,j)}{\sum\limits_{l=1}^{n} F(l,j)} \right]^2 \qquad (3-1)$$

其中 $s(k,i) = \begin{cases} 100/i \, (k \leqslant i) \\ 0 \, (k > i) \end{cases}$ \qquad (3-2)

记向量 α = min{w(1, j)，w(2, j)，…，w(n, j)} 为 W – T 指

数矩阵 w(i, j) 中每一列 W - T 指数最小值，向量 β 标记向量 α 中每个元素在 W - T 指数矩阵中的位置。

③根据向量 β 构建 0 - 1 矩阵 B，其构建原则是：对于 B 矩阵的第 j 列第 i 行，若 i≤β(1, j)，则 B(i, j) = 1(i = 1, 2, …, n)。

④根据矩阵 IndexE(i, j)，调整矩阵 B 中的元素位置，即对产业关系进行还原，得到单区域产业网络 0 - 1 矩阵 C。

步骤 4：构建单区域产业网络模型。

在单区域产业网络 0 - 1 矩阵中，两节点间矩阵元素值为 1，则两节点间有边相连，否则，没有边相连。

通过以上四步，可以将单区域投入产出表的中间流量矩阵、消耗系数矩阵或分配系数矩阵等转换为单区域产业网络 0 - 1 矩阵，在此基础上可以进行网络可视化表达。

（2）区域间产业网络模型构建步骤。

区域间产业网络建模与单区域产业网络建模最大的差异在于 W - T 指数需要分块计算。区域间产业网络模型一般基于区域间投入产出表进行构建。需要说明的是，区域间产业网络虽然包括区域信息，但实质上还是产业之间的联系，与本书提出的产业—区域超网络不同，两者的差异见图 3 - 10。

由图 3 - 10 可以看出，区域间产业网络是单区域产业网络在空间上的延伸，包含地理信息但不考虑区域间关联。而产业—区域超网络可以衡量产业和区域内部及其之间的关联结构。

本书构建的区域间产业网络模型建模步骤如下：

步骤 1：确定区域间产业网络的节点集。

利用包含 m 个区域，每个区域有 n 个产业的区域间投入产出表构建区域间产业网络模型，在不考虑产业部门合并或拆分时，该区域间产业网络中有 m×n 个节点。

步骤 2：选择多区域产业间关联系数矩阵。

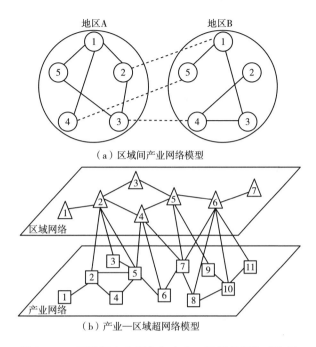

（a）区域间产业网络模型

（b）产业—区域超网络模型

图 3 – 10　区域间产业网络与产业—区域超网络对比图

　　这一步与单区域产业网络建模类似，可以选取中间流量矩阵、直接消耗系数矩阵、完全消耗系数矩阵、直接分配系数矩阵、完全分配系数矩阵等作为多区域产业间关联系数矩阵。

　　步骤 3：确定区域间产业网络 0 – 1 矩阵。

　　由产业结构可知，区域内产业关联强度一般高于区域间产业关联强度，在确定区域间产业网络模型 0 – 1 矩阵时，若对整个区域间投入产出数据进行整体 W – T 指数计算，则区域间产业关联多会被过滤掉。基于此，在确定区域间产业网络 0 – 1 矩阵时，本书选择对产业间关联系数矩阵进行分块 W – T 指数计算，以此得到区域间产业网络 0 – 1 矩阵 C_M。

　　步骤 4：构建区域间产业网络模型。

　　在区域间产业网络 0 – 1 矩阵 C_M 中，两节点间矩阵元素值为 1，则两节点间有边相连，否则，没有边相连。

3.3.2　企业网络模型构建步骤

（1）企业竞争网络建模。

企业竞争网络建模首先确定网络的节点集，其次根据企业与产业间的映射关系建立企业竞争关联矩阵，最后根据企业竞争关联矩阵建立企业竞争网络模型，具体步骤如下：

步骤1：确定企业竞争网络的节点集。

本书构建的企业竞争网络是海洋经济超网络的子网络，该网络模型建立的重点是为研究产业—企业互动关系，因此依据需要研究的产业来选取企业竞争网络的节点，需要研究的产业可能是产业网络中的某一个产业或某几个产业。如研究高新技术产业时，应选取高新技术产业范畴下的企业作为网络节点；研究金融业时，应选取银行业、证券业、保险业三类产业范畴下的企业作为网络节点。

设 $V_I = \{v_{I1}, v_{I2}, \cdots, v_{It}\}$ 为需要研究的产业集合。

定义布尔变量 $\theta(v_{ECq}, v_{Ij})$ 为企业 v_{ECq} 和产业 v_{Ij} 之间的映射关系[①]，则有：

$$\theta(v_{ECq}, v_{Ij}) = \begin{cases} 1 & \text{企业 } v_{ECq} \text{ 属于产业 } v_{Ij} \\ 0 & \text{企业 } v_{ECq} \text{ 不属于产业 } v_{Ij} \end{cases} \quad v_{Ij} \in V_I \qquad (3-3)$$

在此基础上，定义企业竞争网络的节点集 $V_{EC} = \{v_{ECq} \mid \theta(v_{ECq}, v_{Ij}) = 1, j = 1, 2, \cdots, t\}$，记网络节点的数量为 $|V_{EC}|$。

步骤2：构建竞争企业关联矩阵。

记竞争企业网络中的边集为 $E_{EC} = \{(E_{ECp}, E_{ECq})\}$ p，q = 1，2，$\cdots$，$|V_{EC}|$，$\exists v_{ECp}$，$v_{ECq} \in V_{EC}$，当且仅当 $\theta(v_{ECp}, v_{Ij}) \times \theta(v_{ECq}, v_{Ij}) = 1$（i，j = 1，2，$\cdots$，t）时，企业 v_{ECp} 与企业 v_{ECq} 之间有边相连，

---

① 某企业是否属于某产业具体判断方法为：从企业官网或官方介绍中确定该企业生产的产品或提供的服务，根据国民经济行业分类与代码（GB_T_4754 - 2002）判断属于哪个产业。

即若两个企业对应同一个产业，则两个企业之间连边。

定义竞争企业 v_{ECp} 与企业 v_{ECq} 之边的权重 $w(v_{ECp}, v_{ECq}) = \sum_{h=1}^{t} \omega_h$，有：

$$\omega_h = \begin{cases} 1 & \theta(v_{ECp}, v_{Ij}) \times \theta(v_{ECq}, v_{Ij}) = 1 \\ 0 & \theta(v_{ECp}, v_{Ij}) \times \theta(v_{ECq}, v_{Ij}) = 0 \end{cases} \quad (i, j = 1, 2, \cdots, t) \quad (3-4)$$

基于此得到企业竞争关联矩阵 C_{EC}。

步骤 3：构建企业竞争网络模型。

根据企业竞争关联矩阵 C_{EC} 构建企业竞争网络模型。

（2）企业合作网络建模。

企业合作网络建模同样首先确定网络的节点集，其次根据企业与产业间的映射关系以及产业间关联关系建立企业合作关联矩阵，最后根据企业合作关联矩阵建立企业合作网络模型，具体步骤如下：

步骤 1：确定企业合作网络的节点集。

该过程与确定企业竞争网络的节点集相同，首先设 $V_I = \{v_{I1}, v_{I2}, \cdots, v_{It}\}$ 为需要研究的产业集合。

定义布尔变量 $\theta(v_{ETP}, v_{Ij})$ 为企业 v_{ETp} 和产业 v_{Ij} 之间的映射关系[①]，有：

$$\theta(v_{ETp}, v_{Ij}) = \begin{cases} 1 & \text{企业 } v_{ETp} \text{ 属于产业 } v_{Ij} \\ 0 & \text{企业 } v_{ETp} \text{ 不属于产业 } v_{Ij} \end{cases} \quad v_{Ij} \in V_I \quad (3-5)$$

在此基础上，定义企业合作网络的节点集 $V_{ET} = \{v_{ETp} \mid \theta(v_{ETp}, v_{Ij}) = 1, j = 1, 2, \cdots, t\}$，记网络节点的数量为 $|V_{ET}|$。

步骤 2：构建合作企业间关联矩阵。

记合作企业网络中的边集为 $E_{ET} = \{(E_{ETp}, E_{ETq})\}$ p, q = 1, 2, $\cdots$, $|V_{ET}|$，$\exists v_{ETp}$, $v_{ETq} \in V_{ET}$，$\theta(v_{ETp}, v_{Ij}) \times \theta(v_{ETq}, v_{Ij}) = 1$ (i, j = 1,

---

① 某企业是否属于某产业具体判断方法为：从企业官网或官方介绍中确定该企业生产的产品或提供的服务，根据国民经济行业分类与代码（GB_T_4754-2002）判断属于哪个产业。

$2, \cdots, t)$，若 $\overrightarrow{v_{Ij}v_{Ii}} \in E_I$ 或 $\overrightarrow{v_{Ii}v_{Ij}} \in E_I$，则企业 v_{ETp} 与企业 v_{ETq} 之间有边相连，即若两个企业对应于两个不同的产业，且两个产业间有边相连，则两个合作企业之间连边。

定义合作企业 v_{ETp} 与企业 v_{ETq} 之边的权重 $w(v_{ETp}, v_{ETq}) = \sum\limits_{h=1}^{t} \omega_h$，有：

$$\omega_h(v_{ETp}, v_{ETq}) = \begin{cases} 1 & \overrightarrow{v_{Ij}v_{Ii}} \in E_I \text{ 或 } \overrightarrow{v_{Ii}v_{Ij}} \in E_I \\ 0 & \text{其他} \end{cases} \qquad (3-6)$$

基于此得到企业合作关联矩阵 C_{ET}。

步骤3：构建企业合作网络模型。

根据企业合作关联矩阵 C_{ET} 构建企业合作网络模型。

3.3.3 区域网络模型构建步骤

在子网络建模原理中分别阐述了基于区域间投入产出表的区域网络建模原理和基于企业活动的区域网络建模原理，在此也将分别阐述两种类型的区域网络建模步骤。

（1）基于区域间投入产出表构建区域网络模型。

步骤1：确定区域网络的节点集。

本书构建的区域网络是海洋经济超网络的子网络，该网络模型建立的重点是为研究产业—区域互动关系，因此依据研究的目标产业来选取合适的区域节点，如研究海洋产业，那么选取的区域节点大多为沿海地区。基于区域间投入产出表确定区域网络节点集，核心是识别包含目标产业的区域。

若在区域间投入产出表中，研究的目标产业 n 个，分布在 m 个地区，那么该区域网络包括 m 个节点。定义区域网络节点集为 $V_R = \{v_{R1}, v_{R2}, \cdots, v_{Rm}\}$，记网络节点的数量为 $|V_R| = m$。

步骤2：构建区域间关联矩阵。

在区域间投入产出表中，中间流量矩阵的元素 x_{ij}^{xy} 表示 x 区域的 i 产业供应 y 区域用于 j 产业生产消耗的数量。

设区域间投入产出数据的阈值[①]为 γ，定义变量 t_{ij}^{xy} 和 t_{ij}^{yx}：

$$t_{ij}^{xy} = \begin{cases} 1 & x_{ij}^{xy} > \gamma \\ 0 & \text{其他} \end{cases} \quad (i,j = 1,2,\cdots,n; x,y = 1,2,\cdots,m) \quad (3-7)$$

$$t_{ij}^{yx} = \begin{cases} 1 & t_{ij}^{yx} > \gamma \\ 0 & \text{其他} \end{cases} \quad (i,j = 1,2,\cdots,n; x,y = 1,2,\cdots,m) \quad (3-8)$$

$t_{ij}^{xy} = 1$ 说明 x 区域的 i 产业供应 y 区域 j 产业关系显著；$t_{ij}^{yx} = 1$ 说明 y 区域的 i 产业供应 x 区域 j 产业关系显著；当 $t_{ij}^{xy} = 1$ 或 $t_{ij}^{yx} = 1$ 时，区域 x 和区域 y 之间有边相连。边的权重记为 $w(v_{Rx}, v_{Ry})$：

$$w(v_{Rx}, v_{Ry}) = \sum_{i=1} \sum_{j=1} t_{ij}^{xy} + \sum_{i=1} \sum_{j=1} t_{ij}^{yx} \quad (3-9)$$

步骤 3：构建区域网络模型。

根据区域关联矩阵构建区域网络模型，区域节点 v_{Rx} 和区域节点 v_{Ry} 之间矩阵元素值大于 0 有边相连，否则，没有边相连。

（2）基于企业活动构建区域网络模型。

基于企业活动构建区域网络模型，其建模步骤如下：

步骤 1：确定区域网络的节点集。

本书构建的区域网络是海洋经济超网络的子网络，因此依据研究的目标产业来选取合适的企业，根据企业地理分布选取区域节点。即首先明确需要研究的目标产业，根据企业主营业务确定目标产业对应的具体企业，并确定这些企业的总部及主要分公司区域分布，以此确定区域网络中节点的数量 m。

步骤 2：构建区域关联矩阵。

设 $v_{Ii}^{x(t)}$（$v_{Ii} \in E_I$，$x = 1, 2, \cdots, m$，$t \geq 0$）表示产业 v_{Ii} 在 x 区域有 t 个相关企业，$v_{Ij}^{y(s)}$（$v_{Ij} \in E_I$，$y = 1, 2, \cdots, m$，$s \geq 0$）表示产业

---

①　根据具体研究问题设定不同阈值，如 0，平均值，0.2，0.5 等。

v_{Ij} 在 y 区域有 s 个相关企业，若 $\overrightarrow{v_{Ii}v_{Ij}} \in E_I$，则 x 区域和 y 区域因为产业 v_{Ii} 和产业 v_{Ij} 有边相连且边的权重为：

$$w(v_{Rx}, v_{Ry})_{IiIj} = t \times s \qquad (3-10)$$

对所有目标产业进行加总得到区域节点 v_{Rx} 和区域节点 v_{Ry} 边的总权重为：

$$w(v_{Rx}, v_{Ry}) = \sum_{i=1} \sum_{j=1} w(v_{Rx}, v_{Ry})_{IiIj} \qquad (3-11)$$

步骤 3：构建区域网络模型。

根据区域关联矩阵构建区域网络模型，区域节点 v_{Rx} 和区域节点 v_{Ry} 之间矩阵元素值大于 0 有边相连，否则，没有边相连。

3.4　子网络耦合步骤

3.4.1　异质节点间映射关系

（1）产业网络与企业网络节点间映射关系。

产业与企业之间的映射，指某个产业可能包含哪些企业或某个企业可能属于哪些产业。

令布尔变量 $\theta(v_{Ii}, v_{Eq})$ 表示产业 v_{Ii} 和企业 v_{Eq} 之间的关联关系，则有 $\theta(v_{Ii}, v_{Eq}) = \begin{cases} 1 & \text{企业 } v_{Eq} \text{ 属于产业 } v_{Ii} \\ 0 & \text{其他} \end{cases}$，在此基础上定义产业与企业之间的映射关系。

①产业到企业的映射，表示某产业包含哪些企业。

在企业点集 V_E 中，产业 v_{Ii} 包含企业的点集为 $V_E(v_{Ii}) = f(v_{Ii}, V_E) = \{v_{Eq} | v_{Eq} \in V_E, \theta(v_{Ii}, v_{Eq}) = 1\}$，其中，$V_E(v_{Ii})$ 表示对应产业 v_{Ii} 的企业集合。

②企业到产业的映射，表示某企业对应哪些产业。

在产业点集 V_I 中，与企业 v_{Eq} 关联的产业点集为 $V_I(v_{Eq}) = f(v_{Eq},$

$V_I) = \{v_{Ii} \mid v_{Ii} \in V_I, \theta(v_{Ii}, v_{Eq}) = 1\}$，其中，$V_I(v_{Eq})$ 表示对应企业 v_{Eq} 的产业集合。

（2）产业网络与区域网络节点间映射关系。

产业与区域之间的映射，指某个产业可能存在于哪些区域或某个区域可能包含哪些产业。

令布尔变量 $\theta(v_{Ii}, v_{Rx})$ 表示产业 v_{Ii} 和区域 v_{Rx} 之间的关联关系，则有 $\theta(v_{Ii}, v_{Rx}) = \begin{cases} 1 & \text{区域 } v_{Rx} \text{ 有产业 } v_{Ii} \\ 0 & \text{其他} \end{cases}$ ①，在此基础上定义产业与区域之间的映射关系。

①产业到区域的映射，表示某产业存在于哪些区域。

在区域点集 V_R 中，与产业 v_{Ii} 关联的区域点集为 $V_R(v_{Ii}) = f(v_{Ii}, V_R) = \{v_{Rx} \mid v_{Rx} \in V_R, \theta(v_{Ii}, v_{Rx}) = 1\}$，其中，$V_R(v_{Ii})$ 表示有产业 v_{Ii} 的区域集合。

②区域到产业的映射，表示某区域包含哪些产业。

在产业点集 V_I 中，与区域 v_{Rx} 关联的产业点集为 $V_I(v_{Rx}) = f(v_{Rx}, V_I) = \{v_{Ii} \mid v_{Ii} \in V_I, \theta(v_{Ii}, v_{Rx}) = 1\}$，其中，$V_I(v_{Rx})$ 表示区域 v_{Rx} 包含的产业集合。

（3）企业网络与区域网络节点间映射关系。

企业与区域之间的映射，指某个企业可能存在于哪些区域或某个区域可能包含哪些企业。令布尔变量 $\theta(v_{Eq}, v_{Rx})$ 表示企业 v_{Eq} 和区域 v_{Rx} 之间的关联关系，则有 $\theta(v_{Eq}, v_{Rx}) = \begin{cases} 1 & \text{区域 } v_{Rx} \text{ 有企业 } v_{Eq} \\ 0 & \text{其他} \end{cases}$，在此基础上定义区域与企业之间的映射关系。

①企业到区域的映射，表示某企业存在于哪个区域。

在区域点集 V_R 中，与企业 v_{Eq} 关联的区域点集为 $V_R(v_{Eq}) = f(v_{Eq}, V_R) = \{v_{Rx} \mid v_{Rx} \in V_R, \theta(v_{Eq}, v_{Rx}) = 1\}$，其中，$V_R(v_{Eq})$ 表示

① 若区域 v_{Rj} 有产业 v_{Ii} 所对应的企业，则称区域 v_{Rj} 有产业 v_{Ii}。

有企业 v_{Eq} 的区域集合。

②区域到企业的映射，表示某区域包含哪些企业。

在企业点集 V_E 中，与区域 v_{Rx} 关联的企业点集为 $V_E(v_{Rx}) = f(v_{Rx}, V_E) = \{v_{Eq} | v_{Eq} \in V_E, \theta(v_{Eq}, v_{Rx}) = 1\}$，其中，$V_E(v_{Rx})$ 表示区域 v_{Rx} 包含的企业集合。

3.4.2 子网络层间逻辑关系

根据海洋经济超网络的子网络层间逻辑关系分析可知，"产业网络→企业网络→区域网络"的层间逻辑关系包括两种情况：①产业网络整体与其他两层网络层间逻辑；②产业子网络与其他两层网络层间逻辑。这里的产业子网络可能是具有某种属性的产业形成的子网络（如海洋产业群、高新技术产业群、金融产业群等），也可能是具有某种特定网络结构的产业形成的子网络（如基础关联结构形成的子网络、核结构形成的子网络）。

①产业网络整体与其他两层网络的层间逻辑。

根据构建的产业网络模型，确定产业网络中产业集合，记作 $V_I = \{v_1, v_2, \cdots, v_n\}$；根据国民经济行业分类（GB/T 4754—2017）[1] 等，确定 V_I 中产业所对应的企业范围，记作 V_E，根据企业网络建模步骤，构建企业网络模型。根据 V_E 中企业所对应的区域范围，记作 V_R，根据区域网络建模步骤，构建区域网络模型。

②产业子网络与其他两层网络层间逻辑。

设 $N_{Isub} \subseteq N_I$ 是产业网络的子网络，$N_{Isub} = (V_{Isub}, E_{Isub})$，确定产业网络子网络中产业集合，记作 $V_{Isub} = \{v_1, v_2, \cdots, v_k\}$；根据国民经济行业分类（GB/T 4754—2017）以及某特定产业分类（如健康服务业分类、战略性新兴产业分类、生产性服务业分类）等，确定

---

① http://www.stats.gov.cn/tjsj/tjbz/hyflbz/201710/t20171012_1541679.html.

V_{Isub} 中产业所对应的企业范围，记作 V_{Esub}，根据企业网络建模步骤，构建企业网络模型。根据 V_{Esub} 中企业所对应的区域范围，记作 V_{Rsub}，根据区域网络建模步骤，构建区域网络模型。

3.4.3　子网络耦合

在构建产业网络、企业网络和区域网络的基础上，基于子网络层间耦合原理进行耦合，得到海洋经济超网络 $MESN = \{\mathbb{N}, SE\}$，其中 $\mathbb{N} = \{N_I, N_E, N_R\}$ 为海洋经济超网络中子网络的集合，$SE = \{(v_{Ii}, v_{Ep}, v_{Rx}) \mid \theta(v_{Ii}, v_{Ep}) = 1, \theta(v_{Ii}, v_{Rx}) = 1, (v_{Ep}, v_{Rx}) = 1\}$ 为海洋经济超网络中超边的集合，根据海洋经济超网络异质节点间映射关系可知，海洋经济超网络的超边 SE 中必包含每层子网络中的一个节点，且只包含每层子网络中的一个节点。

同理，可以得到产业—企业超网络、产业—区域超网络和企业—区域超网络。

产业—企业超网络 $IESN = (\mathbb{N}_{I-E}, SE_{I-E})$，其中 $\mathbb{N}_{I-E} = \{N_I, N_E\}$ 为产业—企业超网络中子网络的集合，$SE_{I-E} = \{(v_{Ii}, v_{Ep}) \mid \theta(v_{Ii}, v_{Ep}) = 1\}$ 为产业—企业超网络中超边的集合。

产业—区域超网络 $IRSN = (\mathbb{N}_{I-R}, SE_{I-R})$，其中 $\mathbb{N}_{I-R} = \{N_I, N_R\}$ 为产业—区域超网络中子网络的集合，$SE_{I-R} = \{(v_{Ii}, v_{Rx}) \mid \theta(v_{Ii}, v_{Rx}) = 1\}$ 为产业—区域超网络中超边的集合。

企业—区域超网络 $ERSN = (\mathbb{N}_{E-R}, SE_{E-R})$，其中 $\mathbb{N}_{E-R} = \{N_E, N_R\}$ 为企业—区域超网络中子网络的集合，$SE_{E-R} = \{(v_{Ep}, v_{Rx}) \mid \theta(v_{Ep}, v_{Rx}) = 1\}$ 为企业—区域超网络中超边的集合。

第4章　海洋经济超网络
结构指标研究

在构建海洋经济超网络的基础上，需要设计经济含义清晰且可操作的度量指标，对海洋经济超网络中产业、企业、区域内部及其之间关系结构进行进一步描述。基于此，本章将遵循系统性原则、有效性原则、可计算原则，从层内和层间两个角度，基于节点局部结构和基于网络整体结构，设计经济含义清晰的海洋经济超网络度量指标，对海洋经济超网络结构进行合理描述和度量。在某个指标具体研究上，首先，定义该指标；其次，阐述该指标的计算方法或算法；再次，深入分析该指标在海洋经济超网络中的经济意义；最后，对于计算较为复杂的指标，以一个简单例子对该指标进行具体计算，证明指标的可计算性。

4.1　基于节点局部结构的层内度量指标

基于节点局部结构的层内度量指标（如节点度、节点圈度、节点中心性等）可以用于识别层内关键节点，如识别关键产业、具有竞争优势的企业、经济活动活跃的区域等。

4.1.1　节点度

（1）节点度定义。

度是刻画图与网络中单个节点特征的最简单、最重要的概念之一。

定义 4.1　在无向网络中，与节点 i 直接相连的边的数目称作节点 i 的度[146]，记作 k_i。

定义 4.2　在有向网络中，节点 i 直接指向其他节点的边的数目称作节点 i 的出度，记作 Ok_i；其他节点直接指向节点 i 的边的数目称作节点 i 的入度，记作 Ik_i，节点 i 的度为节点出度 Ok_i 与节点入度

Ik_i 的和。

（2）节点度计算方法。

当某个无向网络不存在自环和重边时，节点 i 的度 k_i 在数值上等于与节点 i 直接有边相连的其他节点的数目。设给定 n 个节点的无向网络的邻接矩阵为 $A = (a_{ij})_{n \times n}$，则有：

$$k_i = \sum_{j=1}^{n} a_{ij} = \sum_{i=1}^{n} a_{ji} \qquad (4-1)$$

设给定 n 个节点的有向网络的邻接矩阵为 $A = (a_{ij})_{n \times n}$，则有：

$$Ok_i = \sum_{j=1}^{n} a_{ij} \qquad (4-2)$$

$$Ik_i = \sum_{i=1}^{n} a_{ji} \qquad (4-3)$$

$$k_i = Ok_i + Ik_i \qquad (4-4)$$

（3）节点度在海洋经济超网络中的含义。

对于海洋经济超网络的三层子网络，节点度代表不同的含义，下面分别进行说明：

对于产业网络，当仅仅简单分析产业网络中产业的地位和影响时，产业网络可以看作无向图，产业度表示与某一海洋产业通过上下游关系或技术经济联系直接关联的产业数量。在分别考虑产业推动或产业拉动作用时，产业网络是一个有向网络，节点出度表示某一产业直接供给的前向产业数量，节点入度表示某一产业直接需求的后向产业数量。某一海洋产业的产业度、产业出度、产业入度越大，说明该海洋产业对海洋经济发展的推动或拉动作用越强，该产业在产业网络中越重要。通过产业度/产业出度/产业入度的计算，可以初步识别海洋经济系统中的重要海洋产业。

对于企业网络，企业的节点度可以在一定程度上反映企业的地位和能力。由第 3 章企业网络建模原理可知，本书定义的企业网络是一个无向网络，企业节点度表示与某一企业直接竞争/合作的企业数量。在企业竞争网络中，企业节点度越大，说明企业经营越多元化，一般来讲，多元化经营的企业实行跨产品、跨行业扩张，实力较强，是影响企业竞争网络结构的关键企业。在企业合作网络中，具有较高节点度的企业更有能力为整个企业合作网络的效益做出贡献，一般具有较高的地位。通过企业节点度的计算，可以初步识别关键企业。

对于区域网络，由第 3 章区域网络建模原理可知，本书定义的区域网络是一个无向网络，区域节点度表示与该区域有直接经贸往来的区域数量。在本书定义的区域网络中，区域节点度越大，说明与该区域直接进行经贸往来的区域越多，该区域越重要，是影响区域网络结构的核心区域。通过区域节点度的计算，可以初步识别核心海洋区域。

节点度是网络中非常成熟的指标，计算方法也较为简单，此处省略节点度的计算举例。

4.1.2 节点圈度

（1）节点圈度定义。

定义 4.3　在网络中经过某一节点的圈的数目称作该节点的圈度[147]，记作 $d_c(i)$。需要说明的是，已有文献中定义只包含两个节点的圈为最小圈[148]，但此类圈难以反映本书海洋经济超网络的结构特性，因此，本书定义包含三个不同节点的圈为最小圈。

为排除网络规模的影响，一般采用节点相对圈度刻画节点在网络中的循环性，在给定 n 个节点的网络中，节点 i 的相对圈度为：

$$p_{d_c(i)} = \frac{d_c(i)}{\sum_{t=1}^{n} d_c(t)} \times 100\% \qquad (4-5)$$

其中，$d_c(i)$ 为节点 i 的圈度，$p_{d_c(i)}$ 为节点 i 的相对圈度，表示节点 i 的圈度占网络中所有节点的圈度总和的百分比。

（2）节点圈度算法设计。

为计算网络中节点的相对圈度，首先需要计算节点的圈度。根据网络结构特征可知，不属于强支①的节点的圈度为 0，因此，计算节点圈度首先需要识别网络中的强支，在此基础上识别节点间的循环关系。

本书节点圈度算法设计思路为：①识别网络中的强支 $N_s = (V_s, E_s)$，$N_s \subseteq N$；②得到强支中边的集合 E_s，构建边列表矩阵 X，矩阵 X 第一行元素 X(1, s) 存放边的起点，矩阵 X 第二行元素 X(2, s) 存放边的终点，节点对 [X(1, s)，X(2, s)] 代表强支中第 s 条边；③对于节点 i 与节点 j，当 X(1, s) = i，X(2, s) = j 时，存在节点 i 指向节点 j 的有向边。在 X(1, s) = i，X(2, s) = j 条件下，当存在 X(1, t) = j，X(2, t) = l，…，X(1, p) = l，X(2, p) = i 时，节点 i 与节点 j 之间存在有向圈，该有向圈为 $ie_sje_t\cdots le_pi$，圈中包含 i，j，…，l 个节点，包含 $e_s = [X(1, s)，X(2, s)]$，$e_t = [X(1, t)，X(2, t)]$，…，$e_p = [X(1, p)，X(2, p)]$ 条边；在此过程中，每增加一个节点，均须与前面所有节点进行比较，确保圈中除起点和终点外的其他节点都不相同。④重复步骤③，得到强支中 $|V_s|$ 个节点的圈度值。

基于上述节点圈度算法设计思路，设过节点 i 的圈长为 k 的节点圈度为 $d_c^{(k)}(i)$，具体节点圈度算法步骤如下：

步骤 1：识别网络中的强支 $N_s = (V_s, E_s)$，强支中有 $h = |V_s|$ 个节点，m 条边。

步骤 2：构建边列表矩阵 X，设 $d_c^{(k)}(i) = 0$（k = 3，…，h），i = 1。

步骤 3：根据边列表矩阵 X，令 $x_1 = X(1, i)$，$x_2 = X(2, i)$；

寻找所有 X(1, s) = x_2，（s = 1，2，…，m），并将所有 s 的值存入向量 α_2；

分别计算 $x_3 = X[2, \alpha_2(y_2)]$（$y_2 = 1, 2, \cdots, |\alpha_2|$）；

---

① 强支是有向图中的极大强连通子图。

寻找所有 $X(1, s) = x_3$，$(s = 1, 2, \cdots, m)$，并将所有 s 的值存入向量 α_3；

分别计算 $x_4 = X[2, \alpha_3(y_3)]$（$y_3 = 1, 2, \cdots, |\alpha_3|$）；

判断与已有节点是否相同，若 $x_4 \in \{x_2, x_3\}$，则转入步骤 h + 1；否则：

判断与初始节点是否相同，若 $x_4 = x_1$，则 $d_c^{(3)}(i) = d_c^{(3)}(i) + 1$，

否则：转入步骤 4。

 $\vdots$

步骤 h：根据类似方法，计算 $x_{h+1} = X[2, \alpha_h(y_h)]$（$y_h = 1, 2, \cdots, |\alpha_h|$）；

判断与已有节点是否相同，若 $x_{h+1} \in \{x_2, x_3, \cdots, x_h\}$，则转入步骤 h + 1；否则：

判断与初始节点是否相同，若 $x_{h+1} = x_1$，则 $d_c^{(h)}(i) = d_c^{(h)}(i) + 1$

否则：转入步骤 h + 1。

步骤 h + 1：$i = i + 1$。判断 i 的大小：

若 $i < h + 1$，返回步骤 3；否则：

结束，节点 i 的圈度 $d_c(i) = \sum_{l=1}^{h} [d_c^{k_l}(i)]$。

需要说明的是，本书此处的圈度算法是基于有向网络设计的，若研究无向图中的节点圈度，则可以将无向图转换为基于节点出度/入度的有向图，进行计算。

（3）节点圈度计算举例。

基于图 4 - 1（虚线部分为该网络强支），说明节点圈度计算。

以节点 1 为例（即 i = 1），阐述圈度计算。

步骤 1：识别图 4 - 1 中的强支 $N_S = N[\{v_1, v_2, v_4, v_5\}]$，$h = |V_s| = 4$，$m = 7$；

步骤 2：边列表矩阵 $X = \begin{pmatrix} 1 & 2 & 2 & 4 & 4 & 5 & 5 \\ 4 & 4 & 5 & 5 & 2 & 1 & 2 \end{pmatrix}$；

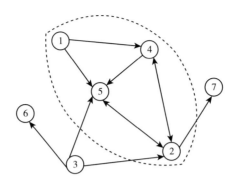

图 4-1　节点圈度示意图

步骤 3：根据边列表矩阵 X，当 i = 1 时，$x_1 = X(1, i) = 1$，$x_2 = X(2, i) = 4$；

寻找所有 $X(1, s) = 4$，$(s = 1, 2, \cdots, 7)$，则向量 $\alpha_2 = (4, 5)$；

当 $y_2 = 1$ 时，$x_3 = 5$，$\alpha_3 = (6, 7)$；

当 $y_3 = 1$ 时，$x_4 = 1$，$x_4 \notin \{x_2, x_3\}$ 且 $x_4 = x_1$，则

$d_c^{(3)}(1) = d_c^{(3)}(1) + 1 = 1$，找到经过节点 1 的第 1 个圈：

$1 \to 4 \to 5 \to 1$。

当 $y_3 = 2$ 时，$x_4 = 2$，$x_4 \notin \{x_2, x_3\}$ 且 $x_4 \neq x_1$，

转入步骤 4，$\alpha_4 = (2, 3)$

当 $y_4 = 1$ 时，$x_5 = 4$，且 $x_5 \in \{x_2, x_3, x_4\}$，

跳出循环，计算 $i = i + 1$；

当 $y_4 = 2$ 时，$x_5 = 5$，且 $x_5 \in \{x_2, x_3, x_4\}$，

跳出循环，计算 $i = i + 1$；

当 $y_2 = 2$ 时，$x_3 = 2$，$\alpha_3 = (2, 3)$，

当 $y_3 = 1$ 时，$x_4 = 4$，$x_4 \in \{x_2, x_3\}$，

跳出循环，计算 $i = i + 1$；

当 $y_3 = 2$ 时，$x_4 = 5$，$x_4 \notin \{x_2, x_3\}$ 且 $x_4 \neq x_1$，转入步骤 4，$\alpha_4 = (6, 7)$

当 $y_4 = 1$ 时，$x_5 = 1$，$x_5 \notin \{x_2, x_3, x_4\}$ 且 $x_5 = x_1$，

$d_c^{(4)}(1) = d_c^{(4)}(1) + 1 = 1$，找到经过节点 1 的第 2 个圈：

$1 \rightarrow 4 \rightarrow 2 \rightarrow 5 \rightarrow 1$。

当 $y_4 = 2$ 时，$x_5 = 2$，$x_5 \in \{x_2, x_3, x_4\}$，

跳出循环，计算 $i = i + 1$。

由此，可以得到节点 1 的圈度，$d_c(1) = d_c^3(1) + d_c^4(1) = 2$。

同理，可以得到强支中其他节点的圈度值，各节点圈度和相对圈度见表 4 - 1。

表 4 - 1 　　　　　各节点的圈度及相对圈度计算数值

	节点 1	节点 2	节点 4	节点 5
$d_c^3(i)$	1	1	2	2
$d_c^4(i)$	1	1	1	1
$d_c(i)$	2	2	3	3
$P_{d_c(i)}$	20%	20%	30%	30%

4.1.3　节点中心性

节点中心性是刻画节点在网络中所处位置、评价网络中节点价值的重要概念，主要包括度中心性、介数中心性、接近中心性和向量中心性，这四个指标从不同角度衡量节点在网络中的地位和作用。

（1）度中心性。

定义 4.4　在一个包含 n 个节点的网络中，节点度的最大值为 n - 1，节点 i 的度值与网络节点度最大值 n - 1 的比值称作节点 i 的度中心性[149]，记作 DC_i。

节点 i 度值为 k_i 的归一化度中心性 DC_i 定义为：

$$DC_i = \frac{k_i}{N - 1} \tag{4 - 6}$$

（2）介数中心性。

介数中心性（中间中心性）主要刻画节点对网络上信息流动的控制力和影响力[150]。

定义 4.5　以经过节点 i 的最短路径的数目来刻画节点 i 重要性的指标称为节点 i 的介数中心性[151]。节点 i 的介数中心性定义为：

$$BC_i = \sum_{s \ne i \ne t} \frac{GN_{st}^i}{GN_{st}} \tag{4-7}$$

其中，GN_{st} 代表从节点 s 到节点 t 的最短路径的数目，GN_{st}^i 为 GN_{st} 中经过节点 i 的最短路径的数目。

图 4-2 中形象地说明了节点的介数中心性。

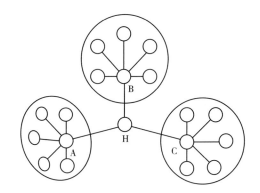

图 4-2　介数中心性示意图

资料来源：汪小帆，2012。

在图 4-2 中，除去节点 H 整个网络可以被分成 3 块，每一块中的任一节点到其他块中任一节点，都必须经过节点 H，节点 H 具有最强的最短路径传输控制能力。

（3）接近中心性。

接近中心性主要基于节点间距离刻画节点的中心性，描述某一节点影响其他节点的效率。

定义 4.6　以节点 i 与网络中其他节点的最短距离的倒数来刻画节点 i 重要性的指标称为节点 i 的接近中心性。

节点 i 的接近中心性定义为:

$$CC_i = \frac{1}{d_i} = \frac{n}{\sum_{j=1}^{n} d_{ij}} \qquad (4-8)$$

其中,n 代表网络中的节点数,d_i 代表节点 i 到网络中其他所有节点最短距离的平均值,d_{ij} 代表网络中节点 i 到节点 j 的最短距离。

(4) 特征向量中心性。

特征向量中心性在衡量节点重要性时,不仅考虑某一节点邻居节点的数量,还考虑其邻居节点的质量。其基本思想是:在网络中,若某一节点的邻居节点是网络中的重要节点,则不管该节点的其他中心性如何,该节点在网络中也被认为处于"中心性"。

定义 4.7 以节点 i 与网络中其他节点的关联以及其关联节点的重要程度来刻画节点 i 重要性的指标称为节点 i 的特征向量中心性。

节点 i 的接近中心性定义为:

$$x_i = c \sum_{j=1}^{N} a_{ij} x_j \qquad (4-9)$$

其中,c 为一比例常数,$A = (a_{ij})$ 是网络的邻接矩阵。记 $x = [x_1, x_2, \cdots\cdots, x_N]$,则式(4-9)可改写为如下矩阵形式:

$$x = cAx \qquad (4-10)$$

x 是矩阵 A 与特征值 c^{-1} 对应的特征向量,故称此为特征向量中心性。

(5) 节点中心性计算举例。

节点中心性指标也属于网络中相对成熟的指标,此处省略 4 类节点中心性指标的具体计算例子。以 Krackhardt(1990)设计的"风筝网络",说明 4 类节点中心性指标之间没有必然联系。

在如图 4-3 所示的风筝网络中,风筝网络中度中心性最大的节点、介数中心性最大的节点、接近中心性最大的节点和特征向量中心性分别为 Diane、Heather、Fernando 和 Garth,以此说明四类节点中心性指标是从不同视角反映节点在网络中的重要性,其之间并没有必然联系。

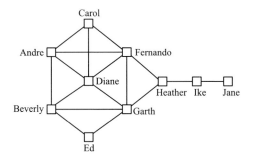

图 4 - 3　风筝网络

资料来源：Krackhardt, 1990[152]。

4.1.4　层内节点重要性衡量

通过分析各指标在海洋经济超网络各子网络中的意义可知，基于单一节点结构的超网络层内度量指标只能基于某一视角反映节点网络结构，无法全面反映子网络中节点的重要性。对此，可以通过综合考虑多种指标来衡量节点的重要性[153,154]。因此，本书在计算海洋经济超网络中子网络的各类指标基础上，依据指标值大小对指标进行排序，依据指标排序位次给节点赋予不同分值，依据每项指标权重，加总节点各指标得分，得到节点重要性总得分，在此基础上选择层内中重要节点。

记节点 i 的节点度、节点相对圈度、节点度中心性、节点介数中心性、节点接近中心性和节点特征向量中心性得分数值分别为 k_{Si}、$p_{d_{cS}(i)}$、DC_{Si}、BC_{Si}、CC_{Si} 和 XC_{Si}，则节点 i 的重要性总得分为：

$$C_N Score_i = \lambda_1 k_{Si} + \lambda_2 p_{d_{cS}(i)} + \lambda_3 DC_{Si} + \lambda_4 BC_{Si} + \lambda_5 CC_{Si} + \lambda_6 XC_{Si}$$

$$(4-11)$$

其中，λ_t 为调节参数，且满足 $\sum_{t=1}^{6} \lambda_t = 1$。

4.2 基于网络整体结构的层内度量指标

基于网络整体结构的层内度量指标（如基础关联结构指标、核结构指标等）可以用于识别单层网络的基础支撑结构、核结构等，如识别支撑经济发展的基础产业群等。

4.2.1 核结构

（1）核结构定义。

Seidman（1983）首次提出图的 k – 核[155]，k – 核是用来反映网络中顶点密集程度的指标。

定义 4.8 设网络 N = (V，E)，V 为节点集，E 为边集，N_k = (V_k，E_k) 为网络 N 的一个导出子图，若 N_k 满足：①N_k 是一个连通图；②$V_k \subseteq V$，$E_k \subseteq E$；③$\forall v \in V_k$，节点 v 的度 degree(v) $\geq$ k；④N_k 为具有这一性质的最大子图，则称导出子网络 N_k 为 k – 核子网络，N_k 反映的结构为网络 k – 核结构[156]。

定义 4.9 k – 核的核值最大的导出子网络 N_{kmax} 称为网络的主核，主核 N_{kmax} 反映的结构称为网络主核结构，简称网络核结构，网络核结构描述由层级最高、关联最强的节点群形成的网络结构特征。

（2）核结构算法设计。

根据定义 4.9，本书设计识别网络 k – 核的算法如下：

步骤 1：构建网络 N 的邻接矩阵 A，计算每个节点的度，得到网络中节点的最小度 k_{min} 和最大度 k_{max}，令 h = k_{min}。

步骤 2：设网络中每个节点的核数初始值为 0，即 kcore(i) = 0(i = 1，2，…，|V|)。

步骤 3：删除节点度小于等于 core 的节点及其边，重新计算网络中每个节点的度，度非 0 的节点核数加 1，即 kcore(i) = kcore(i) + 1，h = h + 1。

步骤 4：若 h≤k_{max}，则返回步骤 3；否则，停止。

（3）核结构计算举例。

本书以图 4 - 4 说明网络 k - 核和网络核结构。

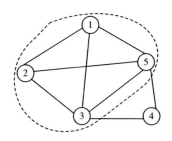

图 4 - 4　网络核结构示例

在图 4 - 4 中，V = {v_1，v_2，v_3，v_4，v_5}，对于子网络 N_{kmax} = N{v_1，v_2，v_3，v_5} 中任一节点 v，节点 v 的度都有 degree(v)≥3，且 N_k 为具有这一性质的最大子图，则 N_{kmax} = N{v_1，v_2，v_3，v_5} 为该网络的核，其所反映的结构为图 4 - 4 的核结构。

4.2.2　基础关联结构

（1）基础关联结构定义。

以最少的关联，最大限度地反映网络关联特征的网络结构称作基础关联结构，是由网络中所有的点、最少的边、最大权重形成的连通子图，是所研究网络的一个生成子图[157]。

定义 4.10　设连通网络① N = (V，E，W)，V 是节点集，E 是边

_____

① 一般研究的网络不一定是连通网络，当所研究的网络不是连通网络时，N_t 是 N 的导出子图。因本书研究的海洋经济超网络中各层子网络均是连通网络，所以此处以连通网络进行定义，N_t 是 N 的生成子图。

集，W 是边的权重，对于任一边（u，v）∈E，存在一个权重 w(μ，v)∈W，N_t=(V_t，E_t) 为网络 N 的一个生成子图 N_t，若 N_t 满足：①是无圈连通网络；②V_t = V；③E_t ⊆ E；④ w(F) = $\sum_{(u,v)\in T}$ w(u,v) 最大，则称 N_t 为网络基础关联树，称 N_t 反映的网络结构为网络的基础关联结构。

本书定义的网络基础关联结构，与以往图与网络中最小树的最大不同在于：最小树强调以最小的权重和最少的边来连接图与网络中所有节点，而本书定义的网络基础关联结构强调以最大权重和最少的边来连接图与网络中所有节点，这主要是为了找出网络中影响力最强、结构最简单的子网络。

（2）基础关联结构算法设计。

识别网络基础关联树和网络基础关联结构，可参考 Kruskal 识别最小权生成树的算法，权重由最小改为最大，其算法如下：

步骤1：设空集 E_t，其权重为 0。

步骤2：选取边权最大的边 e_1∈E 放入 E_t，这样 w(e_1) 满足最大权条件。

步骤3：若 E_t 中已包含边 e_1，e_2，…，e_i，则选取 e_{i+1}∈E＼{e_1，e_2，…，e_i} 使 N[{e_1，e_2，…，e_i}] 不包含圈，而且 w(e_{i+1}) 尽可能大。

步骤4：若 i＜|V|－1，则返回步骤3；若 i＝|V|－1，则停止。

在步骤2中，选取边权最大，确定了基础关联树中的根产业以及根产业的第一次序关联产业。

步骤3中的关键：一是寻找新边 e_{i+1}，使 w(e_{i+1}) 尽可能大；二是加入新边后，使 N[{e_1，e_2，…，e_i，e_{i+1}}] 不含圈。设新边 e_{i+1} 的顶点为 u、v，增加 e_{i+1} 面临两种情况：①u 包含于 e_1，e_2，…，e_i 中，v 为新节点，新边 e_{i+1} 的加入使新节点 v 与已有节点连边，关联次序位于 i＋1 位；②u 和 v 都不包含在 e_1，e_2，…，e_i 中，是两个新节点，它们之间的边权小于（或等于） w(e_1)，w(e_2)，…，w(e_i)；

③u 和 v 已包含在 E_t 中，但 u 与 v 属于不同分支，通过 e_{i+1} 关联到一起。对于①②，加入新选取的边 e_{i+1} 不会形成圈，但对于③，需要判断新边 e_{i+1} 的加入是否会与已存在边 e_1，e_2，$\cdots$，e_i 形成圈，可以利用伴随团（已选边 e_1，e_2，$\cdots$，e_i 包含点所在分支形成的完全图）判定新加入的边是否与原有边形成圈，如果 e_{i+1} 存在伴随团中，那么新边 e_{i+1} 加入后必然会使 $G[\{e_1$，e_2，$\cdots$，$e_{i+1}\}]$ 形成圈，此时应放弃 e_{i+1}，重新选取新边。

需要说明的是，若研究无向图中的基础关联结构，则可以将无向图转换为基于节点出度/入度的有向图，进行计算。

（3）基础关联结构计算举例。

基于图 4-5 说明网络基础关联结构识别。

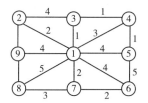

图 4-5　连通网络及其对应的基础关联结构

图 4-5 是一个连通网络，包含 9 个节点、16 条边，网络基础关联树 N_t 中将包含 9 个点、8 条边，该网络的权重矩阵 W =

$$\begin{pmatrix} 0 & 2 & 1 & 3 & 4 & 4 & 2 & 5 & 4 \\ 2 & 0 & 4 & 0 & 0 & 0 & 0 & 0 & 1 \\ 1 & 4 & 0 & 1 & 0 & 0 & 0 & 0 & 0 \\ 3 & 0 & 1 & 0 & 1 & 0 & 0 & 0 & 0 \\ 4 & 0 & 0 & 1 & 0 & 5 & 0 & 0 & 0 \\ 4 & 0 & 0 & 0 & 5 & 0 & 2 & 0 & 0 \\ 2 & 0 & 0 & 0 & 0 & 2 & 0 & 3 & 0 \\ 5 & 0 & 0 & 0 & 0 & 0 & 3 & 0 & 5 \\ 4 & 1 & 0 & 0 & 0 & 0 & 0 & 5 & 0 \end{pmatrix}$$，因该网络是无向网络，可以取矩阵

W 的上三角进行计算。

步骤 1：设空集 E_t，其权重为 0。

步骤 2：寻找矩阵 W 的最大值，有 $\max(W) = w_{18} = 5$，节点 1 与节点 8 选入基础关联树 N_t，同时得到节点 1 和节点 8 的邻接矩阵 X 和伴随团矩阵 Y：

$$X = \begin{pmatrix} 0 & 0 & 0 & 0 & 0 & 0 & 0 & 1 & 0 \\ 0 & 0 & 0 & 0 & 0 & 0 & 0 & 0 & 0 \\ 0 & 0 & 0 & 0 & 0 & 0 & 0 & 0 & 0 \\ 0 & 0 & 0 & 0 & 0 & 0 & 0 & 0 & 0 \\ 0 & 0 & 0 & 0 & 0 & 0 & 0 & 0 & 0 \\ 0 & 0 & 0 & 0 & 0 & 0 & 0 & 0 & 0 \\ 0 & 0 & 0 & 0 & 0 & 0 & 0 & 0 & 0 \\ 0 & 0 & 0 & 0 & 0 & 0 & 0 & 0 & 0 \\ 0 & 0 & 0 & 0 & 0 & 0 & 0 & 0 & 0 \end{pmatrix} \quad Y = \begin{pmatrix} 0 & 0 & 0 & 0 & 0 & 0 & 0 & 1 & 0 \\ 0 & 0 & 0 & 0 & 0 & 0 & 0 & 0 & 0 \\ 0 & 0 & 0 & 0 & 0 & 0 & 0 & 0 & 0 \\ 0 & 0 & 0 & 0 & 0 & 0 & 0 & 0 & 0 \\ 0 & 0 & 0 & 0 & 0 & 0 & 0 & 0 & 0 \\ 0 & 0 & 0 & 0 & 0 & 0 & 0 & 0 & 0 \\ 0 & 0 & 0 & 0 & 0 & 0 & 0 & 0 & 0 \\ 1 & 0 & 0 & 0 & 0 & 0 & 0 & 0 & 0 \\ 0 & 0 & 0 & 0 & 0 & 0 & 0 & 0 & 0 \end{pmatrix}$$

步骤 3：令 $w_{18} = 0$ 重复步骤 2，得到 $\max(W) = w_{56} = 5$，节点 5 与节点 6 选入基础关联树 N_t，同时得到已有节点的邻接矩阵 X 和伴随团矩阵 Y：

$$X = \begin{pmatrix} 0 & 0 & 0 & 0 & 0 & 0 & 0 & 1 & 0 \\ 0 & 0 & 0 & 0 & 0 & 0 & 0 & 0 & 0 \\ 0 & 0 & 0 & 0 & 0 & 0 & 0 & 0 & 0 \\ 0 & 0 & 0 & 0 & 0 & 0 & 0 & 0 & 0 \\ 0 & 0 & 0 & 0 & 0 & 1 & 0 & 0 & 0 \\ 0 & 0 & 0 & 0 & 0 & 0 & 0 & 0 & 0 \\ 0 & 0 & 0 & 0 & 0 & 0 & 0 & 0 & 0 \\ 0 & 0 & 0 & 0 & 0 & 0 & 0 & 0 & 0 \\ 0 & 0 & 0 & 0 & 0 & 0 & 0 & 0 & 0 \end{pmatrix} \quad Y = \begin{pmatrix} 0 & 0 & 0 & 0 & 0 & 0 & 0 & 1 & 0 \\ 0 & 0 & 0 & 0 & 0 & 0 & 0 & 0 & 0 \\ 0 & 0 & 0 & 0 & 0 & 0 & 0 & 0 & 0 \\ 0 & 0 & 0 & 0 & 0 & 0 & 0 & 0 & 0 \\ 0 & 0 & 0 & 0 & 0 & 1 & 0 & 0 & 0 \\ 0 & 0 & 0 & 0 & 1 & 0 & 0 & 0 & 0 \\ 0 & 0 & 0 & 0 & 0 & 0 & 0 & 0 & 0 \\ 1 & 0 & 0 & 0 & 0 & 0 & 0 & 0 & 0 \\ 0 & 0 & 0 & 0 & 0 & 0 & 0 & 0 & 0 \end{pmatrix}$$

步骤 4：令 $w_{56} = 0$ 重复步骤 2，得到 $\max(W) = w_{89} = 5$，因 $y_{19} = 0$，边（8，9）选入基础关联树 N_t，同时得到已有节点的邻接矩阵 X 和伴随团矩阵 Y：

$$X = \begin{pmatrix} 0 & 0 & 0 & 0 & 0 & 0 & 1 & 0 \\ 0 & 0 & 0 & 0 & 0 & 0 & 0 & 0 \\ 0 & 0 & 0 & 0 & 0 & 0 & 0 & 0 \\ 0 & 0 & 0 & 0 & 0 & 0 & 0 & 0 \\ 0 & 0 & 0 & 0 & 0 & 1 & 0 & 0 & 0 \\ 0 & 0 & 0 & 0 & 0 & 0 & 0 & 0 \\ 0 & 0 & 0 & 0 & 0 & 0 & 0 & 0 \\ 0 & 0 & 0 & 0 & 0 & 0 & 0 & 1 \\ 0 & 0 & 0 & 0 & 0 & 0 & 0 & 0 \end{pmatrix} \quad Y = \begin{pmatrix} 0 & 0 & 0 & 0 & 0 & 0 & 0 & 1 & 1 \\ 0 & 0 & 0 & 0 & 0 & 0 & 0 & 0 \\ 0 & 0 & 0 & 0 & 0 & 0 & 0 & 0 \\ 0 & 0 & 0 & 0 & 0 & 0 & 0 & 0 \\ 0 & 0 & 0 & 0 & 0 & 1 & 0 & 0 & 0 \\ 0 & 0 & 0 & 1 & 0 & 0 & 0 & 0 \\ 0 & 0 & 0 & 0 & 0 & 0 & 0 & 0 \\ 1 & 0 & 0 & 0 & 0 & 0 & 0 & 1 \\ 1 & 0 & 0 & 0 & 0 & 0 & 1 & 0 \end{pmatrix}$$

步骤 5：令 $w_{89} = 0$，重复步骤 2，得到 $\max(W) = w_{19} = 4$，因 $y_{19} = 1$，边（1，9）被放弃；令 $w_{19} = 0$，重复步骤 2，得到 $\max(W) = w_{16} = 4$，因 $y_{16} = 0$，边（1，6）选入基础关联树 N_t，同时得到已有节点的邻接矩阵 X 和伴随团矩阵 Y：

$$X = \begin{pmatrix} 0 & 0 & 0 & 0 & 1 & 0 & 1 & 0 \\ 0 & 0 & 0 & 0 & 0 & 0 & 0 & 0 \\ 0 & 0 & 0 & 0 & 0 & 0 & 0 & 0 \\ 0 & 0 & 0 & 0 & 0 & 0 & 0 & 0 \\ 0 & 0 & 0 & 0 & 0 & 1 & 0 & 0 & 0 \\ 0 & 0 & 0 & 0 & 0 & 0 & 0 & 0 \\ 0 & 0 & 0 & 0 & 0 & 0 & 0 & 0 \\ 0 & 0 & 0 & 0 & 0 & 0 & 0 & 1 \\ 0 & 0 & 0 & 0 & 0 & 0 & 0 & 0 \end{pmatrix} \quad Y = \begin{pmatrix} 0 & 0 & 0 & 1 & 1 & 0 & 1 & 1 \\ 0 & 0 & 0 & 0 & 0 & 0 & 0 & 0 \\ 0 & 0 & 0 & 0 & 0 & 0 & 0 & 0 \\ 0 & 0 & 0 & 0 & 0 & 0 & 0 & 0 \\ 1 & 0 & 0 & 0 & 1 & 0 & 0 & 0 \\ 1 & 0 & 0 & 1 & 0 & 0 & 0 & 0 \\ 0 & 0 & 0 & 0 & 0 & 0 & 0 & 0 \\ 1 & 0 & 0 & 0 & 0 & 0 & 0 & 1 \\ 1 & 0 & 0 & 0 & 0 & 0 & 1 & 0 \end{pmatrix}$$

步骤 6：令 $w_{16} = 0$，重复步骤 2，得到 $\max(W) = w_{15} = 4$，因 $y_{15} = 1$，边（1，5）被放弃；令 $w_{15} = 0$，重复步骤 2，得到 $\max(W) = w_{23} = 4$，因 $y_{23} = 0$，边（2，3）选入基础关联树 N_t……同理[1]，边（1，4），边（7，8），边（1，2）选入基础关联树 N_t，得到网络基础关联结构见图 4 - 6。

---

[1]　寻找其他边的过程与边（1，6），（2，3）类似，限于篇幅，此处不展开阐述。

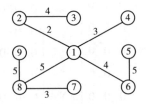

图 4 - 6　网络基础关联结构示意图

4.2.3　网络密度与聚类系数

（1）网络密度。

定义 4.11　在一个包含 n 个节点的无向网络中，网络中实际存在的边数 n′与网络最大可能边数$\frac{n(n-1)}{2}$的比值称作网络密度，即：

$$\rho = \frac{n'}{\frac{1}{2}n(n-1)} \tag{4-12}$$

在同结构的有向网络中，网络密度定义为：

$$\rho = \frac{n'}{n(n-1)} \tag{4-13}$$

（2）聚类系数。

①定义。

定义 4.12　节点 i 的 k_i 个邻居节点之间实际存在的边数 E_i 和 k_i 个邻居节点之间可能存在的总边数 $C_{k_i}^2$ 之比称作节点 i 的聚类系数 C_i，即：

$$C_i = \frac{E_i}{C_{k_i}^2} \tag{4-14}$$

从几何特点看，式（4-14）等价于：

$$C_i = \frac{包含节点 i 的三角形的数量}{与点 i 相连的三元组的数量} = \frac{n_1}{n_2} \tag{4-15}$$

其中，与节点 i 相连的连通三元组包括两种形式，见图 4-7。

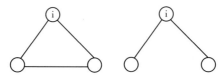

图 4 - 7　连通三元组的两种可能形式

定义 4.13　在包含 n 个节点的网络中，网络的聚类系数 C 定义为所有节点聚类系数的平均值：

$$C = \frac{1}{n} \sum_{i=1}^{n} C_i \qquad (4-16)$$

②聚类系数计算方法。

聚类系数可以利用网络的邻接矩阵 A、邻接矩阵二次幂 A^2 和邻接矩阵三次幂 A^3 进行计算。

网络邻接矩阵二次幂 A^2 的对角元素 $a_{ii}^{(2)}$ 代表节点 i 的度，即 $a_{ii}^{(2)} = k_i$；网络邻接矩阵三次幂 A^3 的对角元素 $a_{ii}^{(3)}$ 代表从节点 i 出发经过三条边回到节点 i 的路径数，数值上是与节点 i 相连的三角形数目的 2 倍。由此式（4-15）等价于：

$$C_i = \frac{n_1}{n_2} = \frac{2n_1}{2C_{k_i}^2} = \frac{2n_1}{k_i(k_i-1)} = \frac{a_{ii}^{(3)}}{a_{ii}^{(2)}(a_{ii}^{(2)}-1)} \qquad (4-17)$$

4.3　基于节点局部结构的层间度量指标

基于节点局部结构的层间度量指标（如节点超度、节点超中心性等）可以用于识别层间交互的关键节点，如识别某类产业主要集中的区域、市场竞争激烈的产业、多元化经营的企业等。

4.3.1　节点超度

（1）节点超度定义。

定义 4.14　超网络中节点 i 参与形成的超边的数量称作节点 i 的

节点超度[158]，记作 SD_i。

（2）节点超度计算方法。

可以利用超网络的关联矩阵计算节点超度。

设矩阵 H 为超网络 SN 的关联矩阵，满足以下条件：

①矩阵 H 的每一行与超网络 SN 的顶点相关；

②矩阵 H 的每一列与超网络 SN 的超边相关；

③如果第 i 个顶点在第 j 条超边中，则 $h_{ij}=1$，否则为 0。

设超网络关联矩阵 H 是一个 t×s 阶矩阵，则有 t 个节点，s 条超边。由此可知，节点 i 的节点超度为：

$$SD_i = \sum_{j=1}^{s} h_{ij} \qquad\qquad (4-18)$$

（3）节点超度在海洋经济超网络中的含义。

节点超度是对节点在超网络中重要性的初步衡量，一般来讲，节点 i 的节点超度越大，对超网络的结构影响越大，在超网络中越重要。根据海洋经济超网络的形成机理和超边特性可知，海洋经济超网络是一致超网络，海洋经济超网络中任何一条超边 SE 由相连的产业、企业和区域三个异质节点构成，即海洋经济超网络的超边 SE 中包含且仅包含 3 个异质节点。在海洋经济超网络中，产业节点 i 的节点超度越大，说明该产业拥有的企业越多或产业所在区域范围越广，对维持海洋经济超网络结构稳定作用越大；企业节点 i 的节点超度越大，说明该企业生产的产品或提供的服务越多，企业实力一般来说越强，对海洋经济超网络结构影响越大；区域节点 i 的节点超度越大，说明分布在该区域的产业/企业越多，是海洋经济超网络中经济活动更加重要的空间载体，在海洋经济超网络中越重要。

在海洋经济超网络的子超网络中，根据节点超度，可以判断某产业市场竞争激烈程度、识别产业区域分布等。下面对此进行详细阐述：

①节点超度在产业—企业超网络中的意义。

根据产业—企业超网络的形成机理可知，产业—企业超网络中任何一条超边 SE 由相连的产业、企业两个异质节点构成。在产业—企业超网络中，产业节点的节点超度表示该产业拥有的企业数量，可以说明该产业在市场上竞争的激烈程度；企业节点的节点超度表示该企业是否多元化经营以及生产的产品（服务）种类。

②节点超度在产业—区域超网络中的意义。

根据产业—区域超网络的形成机理可知，产业—区域超网络中任何一条超边 SE 由相连的产业、区域两个异质节点构成。在产业—区域超网络中，产业节点的节点超度表示该产业分布的区域数量，根据该产业的超边可以得到该产业区域分布；区域节点的节点超度表示该区域包含的产业种类，可得到该区域产业结构。

③节点超度在企业—区域超网络中的意义。

根据企业—区域超网络的形成机理可知，企业—区域超网络中任何一条超边 SE 由相连的企业、区域两个异质节点构成。在海洋经济超网络中，企业与区域是多对一的映射关系，因此在企业—区域超网络中，企业节点的节点超度均为 1；区域节点的节点超度表示该区域包含的企业数量，可初步判断该区域经济活跃程度。

以图 4-8 说明海洋经济超网络中节点超度的意义。

在图 4-8 中有 10 个节点，7 条超边。以产业为例，产业 1 节点超度为 2，产业 2 节点超度为 4，产业 3 节点超度为 1。从图 4-8 中可以明显看出，产业 2 对该海洋经济超网络影响最大，产业 1 次之，产业 3 影响最小。同理可判断企业、区域的节点超度越大，其在网络中越重要。

在产业—企业超网络中，产业 1 节点超度为 2，产业 2 节点超度为 4，产业 3 节点超度为 1，说明产业 2 市场竞争最激烈，产业 1 次之，产业 3 市场竞争最弱；企业 4 和企业 8 节点超度为 2，企业 5、企业 6 和企业 7 节点超度为 1，说明企业 4 和企业 8 是多元化经营，企业 5、企业 6 和企业 7 是单一化经营。同理，可以分析产业—区域超网络和企业—区域超网络中节点超度的意义。

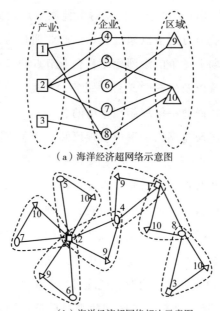

（a）海洋经济超网络示意图

（b）海洋经济超网络超边示意图

图 4 - 8　海洋经济超网络节点超度示意图

注：图中方块表示产业、圆形表示企业、三角形表示区域。

（4）节点超度计算举例。

以图 4 - 8（a）为例，说明节点超度计算。图 4 - 8（a）中海洋经济超网络的关联矩阵为：

$$
H = \begin{pmatrix}
1 & 1 & 0 & 0 & 0 & 0 & 0 \\
0 & 0 & 1 & 1 & 1 & 1 & 0 \\
0 & 0 & 0 & 0 & 0 & 0 & 1 \\
1 & 0 & 1 & 0 & 0 & 0 & 0 \\
0 & 0 & 0 & 1 & 0 & 0 & 0 \\
0 & 0 & 0 & 0 & 1 & 0 & 0 \\
0 & 0 & 0 & 0 & 0 & 1 & 0 \\
0 & 1 & 0 & 0 & 0 & 0 & 1 \\
1 & 0 & 1 & 0 & 1 & 0 & 0 \\
0 & 1 & 0 & 1 & 0 & 1 & 1
\end{pmatrix}
$$

对矩阵 H 每行求和，得到节点的节点超度，如节点 1 的节点超度为 2，节点 2 的节点超度为 4，节点 3 的节点超度为 1，与前面从该超网络的 7 条超边中直接观察到的结果一致。

4.3.2　节点超中心性

（1）节点超度中心性。

①节点超度中心性定义。

定义 4.15　在超网络中，设节点 i 的节点超度为 SD_i，该超网络最大可能存在的超边数为 sn，则定义节点 i 的超度值 SD_i 与 sn 的比值为节点 i 的超度中心性[159]，记作 CSD_i：

$$CSD_i = \frac{SD_i}{sn} \tag{4-19}$$

②节点超度中心性在海洋经济超网络中的含义。

节点超度中心性主要是从关联层级视角刻画节点在超网络中的地位和重要性。海洋经济超网络中一个节点的超度中心性越大，说明该节点在海洋经济超网络中关联的异质节点越多，在超网络层级交互过程中越重要。如海洋经济超网络中，某产业的节点超度中心性较大，那么相比于其他产业，该产业所含企业较多或分布区域较广，在经济系统中有较重要的地位。

（2）节点强度中心性。

①节点强度中心性定义。

定义 4.16　在超网络中，同时包含节点 v_i 与节点 v_j 的超边数量定义为这两个节点的连接强度[160]。

定义 4.17　与节点 v_i 相连的其他节点的连接强度之和定义为节点 v_i 的强度中心性，计算公式为：

$$CSE_i = \frac{\sum\limits_{k=1}^{sn} \sum\limits_{j=1, j \neq i}^{n} x_{ik} \times x_{jk}}{sn} \tag{4-20}$$

其中，$x_{ik} = \begin{cases} 1 & v_i \in SE_k \\ 0 & 其他 \end{cases}$，sn 为超网络中超边的数量，n 为超网络中节点数量。

②节点强度中心性在海洋经济超网络中的含义。

节点强度中心性主要是从波及视角刻画节点在超网络中的地位和重要性。海洋经济超网络中一个节点的强度中心性越大，说明该节点通过超边波及的节点越多，该节点对维持海洋经济超网络层间结构越重要。如海洋经济超网络中，某区域的节点强度中心性较大，那么相比于其他区域，该区域经济活动更活跃，在经济系统中有较重要的地位。

由节点超度中心性和节点强度中心性的定义可知，在 4.3.1 小节得到节点超度后，这两个指标计算均不复杂，此处省略具体计算实例。

4.3.3 层间节点重要性衡量

基于单一局部节点结构的超网络层间度量指标不能全面反映超网络层间节点的重要性，本书根据节点超度指标和节点超中心性指标进行计算，按重要性进行排序，在此基础上进行打分和加权加总，识别出超网络中层间重要节点：

$$C_J Score_i = \lambda_1 SD_i + \lambda_2 CSD_i + \lambda_3 CSE_i \tag{4-21}$$

其中，λ_t 为调节参数，且满足 $\sum_{t=1}^{3} \lambda_t = 1$。

4.4 基于网络整体结构的层间度量指标

基于网络整体结构的层间度量指标（如超边连接度、超边重叠度等）可以用于识别某经济系统核心脉络，如基于超边连接度指标识别某经济系统中关联层级最高、辐射范围最广的核心产业、企业和区域组合等。

4.4.1　超边连接度

（1）超边连接度定义。

定义 4.18　超边 SE_i 通过其所包含的节点连接其他超边的数目定义为超边 SE_i 的超边连接度，记为 $L_{SE(i)}$。

（2）超边连接度计算方法。

本书利用超网络的关联矩阵 H 求解超边连接度。

设超边 $SE_i = \{v_1, v_2, \cdots v_j, \cdots v_n\}$，

$$H = \begin{array}{c} \\ v_1 \\ v_2 \\ \vdots \\ v_n \end{array} \begin{array}{cccc} SE_1 & SE_2 & \cdots & SE_s \\ 1 & 1 & \cdots & 0 \\ 0 & 1 & \cdots & 1 \\ \vdots & \vdots & \vdots & \vdots \\ 1 & 1 & \cdots & 1 \end{array} 。$$

则有，$\sum_{k=1}^{s} h_{jk} - 1$ 为超边 SE_i 通过节点 v_j 连接其他超边数目的计算，同理可得超边 SE_i 通过其他节点连接超边的数目，求和得到超边 SE_i 的超边连接度：

$$L_{SE(i)} = \sum_{v_j \in SE_i} \left(\sum_{k=1}^{s} h_{jk} - 1 \right) \tag{4-22}$$

（3）超边连接度在海洋经济超网络中的意义。

从超边连接度定义来看，超边连接度衡量的是某一超边辐射的广度，海洋经济超网络中某一超边连接度越大，该超边所连接的一组产业、企业、区域对超网络中其他节点辐射范围越广，对海洋经济超网络结构和功能影响越大。如北京金融业中的某金融巨头公司这样一个产业、区域、企业的组合，在京津冀协同发展过程中，由于关联层间

高、辐射范围广，将对京津冀经济发展有重要影响。

（4）超边连接度计算举例。

以图 4 - 8（a）为例，说明超边连接度计算。

图 4 - 8（a）所示海洋经济超网络的关联矩阵为：

$$
H = \begin{pmatrix}
1 & 1 & 0 & 0 & 0 & 0 & 0 \\
0 & 0 & 1 & 1 & 1 & 1 & 0 \\
0 & 0 & 0 & 0 & 0 & 0 & 1 \\
1 & 0 & 1 & 0 & 0 & 0 & 0 \\
0 & 0 & 0 & 1 & 0 & 0 & 0 \\
0 & 0 & 0 & 0 & 1 & 0 & 0 \\
0 & 0 & 0 & 0 & 0 & 1 & 0 \\
0 & 1 & 0 & 0 & 0 & 0 & 1 \\
1 & 0 & 1 & 0 & 1 & 0 & 0 \\
0 & 1 & 0 & 1 & 0 & 1 & 1
\end{pmatrix}
$$

根据 $L_{SE(i)} = \sum\limits_{v_j \in SE_i} (\sum\limits_{k=1}^{s} h_{jk} - 1)$ 得到超边 SE_1 的超边连通度为 $L_{SE(1)} = 1 + 1 + 2 = 4$。

4.4.2　超边重叠度

（1）超边重叠度定义。

定义 4.19　设 SE_i 和 SE_j 是超网络 SN 中的两条超边，$V_1 = SE_i \cap SE_j$ 是在两条超边中同时存在的节点集合，$V_2 = SE_i \cup SE_j$ 为两条超边包含所有节点的集合，则 SE_1 和 SE_2 的超边重叠度定义为：

$$
SO_{ij} = \frac{|V_1|}{|V_2|} \tag{4 - 23}
$$

定义 4.20　在超网络 SN 中，计算超边 SE_i 与其他所有超边的超边的重叠度，其均值为超边 SE_i 的超边重叠度，记为 SO_i^{SE}，sn 为超网络中超边数量，则有：

$$SO_i^{SE} = \frac{\sum\limits_{i,j \in SE; i \neq j}^{sn} SO_{ij}}{sn - 1} \tag{4-24}$$

（2）超边重叠度计算方法。

这里主要阐述两条超边的超边重叠度计算方法，在此基础上，求均值即为超网络超边重叠度。本书利用超网络的关联矩阵求解超边重叠度。

超网络 SN 的关联矩阵 H，满足以下条件：

①矩阵 H 的每一行与超网络 SN 的顶点相关；

②矩阵 H 的每一列与超网络 SN 的超边相关；

③如果第 i 个顶点在第 j 条超边中，则 $h_{ij} = 1$，否则为 0。

超边 SE_i 和 SE_j 分别对应关联矩阵 H 中的第 i 列和第 j 列。

对关联矩阵 H 中第 i 列元素和第 j 列元素进行求和，结果计入向量 α。

则有，$|V_1|$ 等于向量 α 中元素值等于 2 的个数[①]，$|V_2|$ 等于向量 α 中元素值非 0 的个数，计算 $\frac{|V_1|}{|V_2|}$ 得到超边 SE_i 和 SE_j 的超边重叠度。

（3）超边重叠度在海洋经济超网络中的意义。

与超边连接度相比，超边重叠度在衡量某一超边辐射广度的同时，也衡量了该超边辐射的深度。海洋经济超网络中某一超边重叠度越大，该超边所连接的一组产业、企业、区域对超网络中其他节点辐射范围越广、影响程度越深，对海洋经济超网络结构和功能影响越大。

（4）超边重叠度计算举例。

以图 4-8（a）为例，说明超边 SE_1 和超边 SE_2 重叠度计算。

图 4-8（a）所示海洋经济超网络的关联矩阵为：

---

① α 中元素值等于 2 意味着超边 SE_i 和 SE_j 在某一行有相同的节点。

$$H = \begin{pmatrix} 1 & 1 & 0 & 0 & 0 & 0 & 0 \\ 0 & 0 & 1 & 1 & 1 & 1 & 0 \\ 0 & 0 & 0 & 0 & 0 & 0 & 1 \\ 1 & 0 & 1 & 0 & 0 & 0 & 0 \\ 0 & 0 & 0 & 1 & 0 & 0 & 0 \\ 0 & 0 & 0 & 0 & 1 & 0 & 0 \\ 0 & 0 & 0 & 0 & 0 & 1 & 0 \\ 0 & 1 & 0 & 0 & 0 & 0 & 1 \\ 1 & 0 & 1 & 0 & 1 & 0 & 0 \\ 0 & 1 & 0 & 1 & 0 & 1 & 1 \end{pmatrix}$$

矩阵 H 第 1 列与第 2 列进行求和，得到向量 α = （2 0 0 1 0 0 0 1 1 1），则 $|V_1| = |SE_i \cap SE_j| = 2$，$|V_2| = |SE_i \cup SE_j| = 5$，超边 SE_1 和超边 SE_2 重叠度 $SO_{12} = \frac{1}{5} = 0.2$。

4.4.3 超网络平均距离

（1）超网络平均距离定义。

定义 4.21 超网络中超边 SE_i 和超边 SE_j 之间的最短距离定义为超边 SE_i 和超边 SE_j 的距离 ds_{ij}。

定义 4.22 超网络中所有超边距离的均值定义为超网络的平均距离，记 ds 为超网络的平均距离[161]，SE 为超网络中超边集合，sn 为超网络中超边数量，则有：

$$ds = \frac{\sum\limits_{i,j \in SE; i \neq j}^{sn} ds_{ij}}{sn} \qquad (4-25)$$

（2）超网络平均距离计算方法。

为计算超边间最短距离，我们将所有的超边抽象为"超节点"，每一条超边对应一个超节点，如图 4-9 所示。

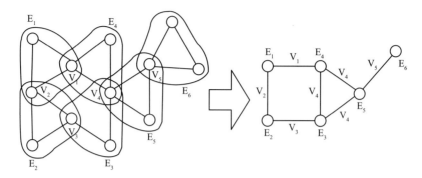

图 4 - 9　超边与超节点映射示意图

资料来源：索琪等，2017[162]。

在图 4 - 9 中，如果两条超边包含有相同的节点，则认为这两条超边对应的"超节点"通过该共有节点相连，且"超节点"间距离权重由其共有的节点个数决定。因两条超边间共有的节点数越多，超边间距离越短，所以两条超边间权重定义为这两条超边共享节点个数的倒数。基于此，超网络中超边间最短距离的计算转化为有权无向单层网络中"超节点"间距离的计算。在此基础上，可利用 Dijkstra 算法，求两条超边的最短距离。

（3）超网络平均距离在海洋经济超网络中的意义。

超网络的平均距离可以衡量超网络的集聚程度。在海洋经济超网络中，某一节点到达其他所有节点的平均距离越小，该节点与其他节点关系越紧密。对海洋经济超网络节点间距离取平均值得到海洋经济超网络平均距离，该距离越小，说明经济系统中产业、企业、区域之间关系越紧密。一般来说，当海洋经济超网络距离较小时，容易出现关键产业、寡头垄断企业或经济活动非常活跃的区域。

计算超网络平均距离，关键在于将超网络转化为有权无向单层网络，在距离计算上，Dijkstra 算法是图论中成熟的算法，因此，此处省略具体计算实例。

4.4.4 超网络密度与聚集系数

（1）超网络密度。

①超网络密度定义。

定义 4.23　在一个超网络中，实际存在的超边数 sn′ 与超网络中最大可能存在的超边数 sn 的比值定义为超网络密度，即：

$$\rho_s = \frac{sn'}{sn} \tag{4-26}$$

②网络密度在海洋经济超网络中的含义。

设海洋经济超网络中产业网络、企业网络、区域网络中分别有 n_I、n_E、n_R 个节点，根据第 3 章分析的海洋经济超网络中产业、企业、区域之间映射结构可知，海洋经济超网络中最多有 $sn = C_{n_I}^1 \times C_{n_E}^1$ 条超边，海洋经济超网络中实际存在的超边数与 sn 的比重即为海洋经济超网络的密度。该指标是分析海洋经济超网络层间关联紧密程度以及网络整体稠密程度的最基本指标。

（2）超网络聚集系数。

①超网络聚集系数定义。

定义 4.24　与单层网络中聚集系数类似，超网络的聚集系数定义为[163]：

$$SC = \frac{6 \times 超三角形个数}{2 \; 路长个数} \tag{4-27}$$

在超三角形指在超网络中，由 3 个不同顶点和 3 个不同超边构成的序列；2 路长是由 3 个不同顶点和 2 个不同超边构成的序列。

②超网络聚集系数在海洋经济超网络中的含义。

超网络聚集系数是对超网络稠密程度的刻画。在海洋经济超网络中，超网络聚集系数越高，层间关系越密切，整个网络的聚集性越强，节点间（特别是异质节点间）关联程度越强。

超网络密度与聚集系数计算均较为简单，此处省略具体计算实例。

第5章　应用实例Ⅰ——海洋经济超网络模型构建研究

5.1 数据来源与处理

5.1.1 数据处理基本思路

本书采用的数据多是官方数据，或通过官方数据计算得到，主要从国家统计局、经济统计公报、政府报告、统计年鉴、企业网站等处搜集。本书搜集处理产业、企业、区域数据，依据"产业→企业→区域"进行搜集处理。首先，依据海洋及相关产业分类（GB/T 20794－2006）确定 12 个海洋产业，并从投入产出表中拆分出海洋产业数据；其次，根据企业生产的产品和提供的服务，结合国标《海洋及相关产业分类》（GB/T 20794－2006）确定 12 个海洋产业所涵盖的企业总体范围，设定标准，筛选更能有效反映山东省海洋经济发展水平的企业；最后，确定海洋企业所涵盖的所有区域，设定标准，筛选更能有效反映山东省海洋经济活动范围的区域。下面具体说明产业、企业、区域数据的搜集与处理。

5.1.2 产业数据来源与处理

本书研究山东省海洋产业，所用数据来源包括：①海洋及相关产业分类（GB/T 20794－2006）；②国家统计局国民经济核算司 2016 年发布的《山东省 42 部门投入产出表》[164]；③山东省国民经济和社会发展统计公报①以及中国海洋经济统计公报；④山东省政府工作报告；⑤山东省海洋与渔业厅的通知公告等。

海洋产业是以海洋产业为基础的产业群，本书依据海洋及相关产

---

① 各年份山东省国民经济和社会发展统计公报来源于山东省统计局"统计公报"，网址为：http://www.stats－sd.gov.cn/col/col3902/index.html.

业分类（GB/T 20794–2006）确定 12 个海洋产业，分别是海洋渔业、海洋油气业、海洋矿业、海洋盐业、海洋化工业、海洋生物医药业、海洋电力业、海水利用业、海洋船舶工业、海洋工程建筑业、海洋交通运输业和滨海旅游业。

本书研究山东省海洋产业主要基于投入产出数据，但在国家统计局国民经济核算司 2016 年发布的《山东省 42 部门投入产出表（2012）》①中，没有直接列出以上 12 个海洋产业部门，其经济活动包含在给出的 42 个产业中（如海洋渔业包含在农林牧渔业中，海洋交通运输业包含在交通运输、仓储和邮政中等）。因此，本书需要依据前面阐述的投入产出表产业部门的拆分方法，从山东省 42 部门投入产出表中拆分出 12 个海洋产业，拆分后得到 54 产业部门的投入产出表（产业名称及代码见附录 1）。

从 2012 年山东省 42 部门投入产出表中拆分出 12 个海洋产业，首先需要得到 12 个海洋产业在 2012 年的增加值，以此作为权重拆分投入产出表，并进行投入产出数据调整，得到包含 12 个海洋产业的 2012 年山东省 54 部门投入产出表，其步骤如下：

（1）确定 2012 年山东省海洋产业增加值。

海洋产业属于新兴产业，统计资料匮乏，山东省统计资料中尚不存在海洋经济的系统统计资料。因此，本书从《山东省国民经济和社会发展统计公报》《政府工作报告》《中国海洋经济统计公报》《山东省海洋与渔业厅公布的通知公告》等处，得到 2012 年山东省海洋经济总增加值 9000 亿元，并搜集整理出本书所需的 12 个海洋产业增加值。

（2）确定海洋产业在投入产出表中的拆分权重。

根据国民经济行业分类与代码（GB_T_4754–2002），确定 12 个海洋产业对应的 2012 年山东省 42 部门投入产出表中的拆分部门，并从

---

　　①　我国国家和地区投入产出表逢 2 逢 7 年份发布基础表，2012 年山东省 42 部门投入产出表是目前山东省最新的投入产出表，因产业结构具有一定稳定性，从 2012 年山东省投入产出表中基本可以反映山东省产业结构。

超网络视角下海洋经济发展研究

2012 年山东省 42 部门投入产出数据中得到被拆分产业的增加值，结合 2012 年山东省 12 个海洋产业的增加值，计算出拆分权重，见表 5 - 1。

表 5 - 1　　　　　　　　山东省海洋产业拆分权重

产业	产业增加值（亿元）	2012 年山东 42 部门投入产出表中需要拆分的产业	被拆分产业的增加值（亿元）	拆分权重
海洋渔业	2723.18	农林牧渔业（1 号）	4281.70	0.64
海洋油气业	204.15	石油和天然气开采业（3 号）	549.09	0.37
海洋矿业	108.54	金属矿采选业（4 号）	264.99	0.41
海洋盐业	114.72	食品制造及烟草加工业（6 号）	2622.67	0.04
海洋化工业	756.34	化学工业（12 号）	3340.72	0.23
海洋生物医药业	92.48	化学工业（12 号）	3340.72	0.02
		科学研究和技术服务（36 号）	367.83	
海洋电力业	73.66	电力、热力的生产和供应业（25 号）	1485.41	0.05
海水利用业	6.18	水的生产和供应业（27 号）	12.96	0.48
海洋船舶工业	449.11	交通运输设备（18 号）	1184.53	0.38
海洋工程建筑业	502.86	建筑业（28 号）	2937.40	0.17
海洋交通运输业	1647.79	交通运输、仓储和邮政（30 号）	2531.12	0.65
滨海旅游业	2321.00	住宿和餐饮（31 号）	1059.47	0.28
		文化、体育和娱乐（41 号）	165.58	
		批发和零售（29 号）	6507.40	

（3）投入产出表数据拆分与调整。

根据表 5 - 1 计算出的权重对山东省 42 部门投入产出表相应部门进行拆分，拆分出海洋产业后，被拆分产业的数据相应减少，以保证投入产出表平衡。中间投入需要横向和纵向拆分，增加值部分只需要横向拆分，最终使用部分只需要纵向拆分。

5.1.3　企业数据来源与处理

本书研究山东省海洋企业，所用数据来源包括：①海洋及相关产业分类（GB/T 20794 - 2006）；②企业名录数据库；③企业官方网站等。

本书搜集处理海洋企业数据的步骤是：

步骤 1：根据《GB/T 20794 - 2006 海洋及相关产业分类》确定海洋企业范围。《GB/T 20794 - 2006 海洋及相关产业分类》详细阐述了海洋产业下相关企业的生产经营活动，根据企业生产的产品和提供的服务，可以确定海洋产业所涵盖的企业范围。通过"博购企业名录搜索""天眼查""曼网企业名录搜索"等企业名录查询软件进行企业信息搜索，并利用山东省海洋与渔业厅、山东省交通运输厅、山东省旅游局等官方网站公布的数据进行插补，共得到 700 多条山东省海洋企业信息。

步骤 2：设定标准，筛选符合条件的企业。根据步骤 1 得到的一些海洋企业，成立时间短、规模小、盈利能力差，不具有代表性，难以有效反映山东省海洋经济发展水平。因此，需要依据设定标准对企业进行筛选。筛选标准主要包括以下三点：①2012 年以前成立的企业，这是为了与本书选取的山东省 2012 年海洋产业数据保持年份上的统一，也是为了选择发展相对成熟的企业作为研究对象；②有规范明确企业网站的企业，网站中提供企业主营业务、企业雇员人数和企业所在地，这主要是为了明确企业生产的产品以及提供的服务、判断企业规模和确定企业所在区域；③雇员人数超过 500 人的企业，这主要是为了保证筛选的企业为中型或大型企业①。以图 5 - 1 为例，说明符合标准的企业。

从图 5 - 1 可以看出，山东好当家海洋发展股份有限公司有规范明确企业网站，网站中提供企业主营业务、企业雇员人数（大于 500人）和企业所在地，此类企业符合本书筛选要求，属于本书海洋企业研究范围。

---

① 依据国际通行标准，企业雇员人数在 500 人以下的是小公司、500～2000 人的是中型公司，超过 2000 人的是大型公司。

图 5 - 1　海洋企业举例

资料来源：公司网站截图。

　　通过筛选，删除掉不符合标准的企业，如对于海洋船舶企业，本书通过大范围搜索得到了山东省 184 家海洋船舶制造企业，通过筛选最终确定了其中 26 家符合要求的企业。根据步骤 1 得到的 700 多家海洋企业，最终筛选出 127 家符合要求的企业（企业名称及代码见附录 2）。

　　步骤 3：对筛选出的企业进行统计分析。在 127 家符合要求的山东省海洋企业中，有海洋渔业 31 家、海洋油气业 16 家、海洋矿业 4 家、海洋盐业 10 家、海洋化工业 17 家、海洋生物医药业 14 家、海洋电力业 5 家、海水利用业 2 家、海洋船舶工业 26 家、海洋工程建筑业 9 家、海洋交通运输业 11 家和滨海旅游业 28 家。需要说明的是，很多企业多元化经营，其生产的产品或提供的服务涉及多个产业，所以各类企业数量相加大于本书研究的企业总数127 家。

　　需要说明的是，为了便于统计分析，本书将企业总公司和企业分公司视为两个企业。

5.1.4 区域数据来源与处理

本书研究山东省海洋经济活动范围,研究尺度到达县(区)级,在此研究尺度上,尚未有区域间投入产出数据支撑,因此本书构建区域网络模型主要基于山东省海洋企业活动。所用数据来源包括:①企业网络中提供的企业(包括总公司、子公司、办事处等)地址信息;②行政区划信息等。

海洋区域范围主要根据海洋企业所在范围进行界定,主要步骤为:

步骤1:确定海洋企业分布的所有区域,本书研究的127个海洋企业分布在44个县(区)。

步骤2:设定标准,筛选符合条件的区域。从第1个企业开始,记录企业所在区域,若第1个企业在a地区,则给a地区计分为1,若第2个企业同样在a地区,则给a地区计分加1,变为2,以此遍历127个企业,对44个县(区)打分。本书只考虑海洋经济活动较为活跃的地区,即筛选得分在3分及以上的区域作为本书研究的海洋区域,共有36个县(区)。依据此标准筛选出的区域,是海洋经济活动相对活跃的地区,更能反映山东省海洋经济实际情况。某些区域(如潍坊安丘、日照莒县、东营广饶等)虽然是沿海地级市中的县(区),但参与海洋经济活动的程度相对较弱,本书并未将其纳入区域网络研究范围。

步骤3:对筛选出的海洋区域进行统计分析。本书筛选出的36个县(区),见表5-2(代码及区域对应表见附录3)。

表5-2　　　　本书研究区域列表

青岛市	市南区	市北区	平度市	李沧区	崂山区	莱西市	胶州市	即墨市	黄岛区	城阳区
烟台市	芝罘区	长岛县	蓬莱市	牟平区	龙口市	莱州市	莱山区	海阳市	福山区	
威海市	文登区	荣成市	环翠区							
潍坊市	潍城区	寿光市	寒亭区							

续表

济南市	天桥区	市中区	历下区					
滨州市	沾化县	无棣县	滨城区					
德州市	陵县	禹城市						
日照市	东港区							
济宁市	微山县							
东营市	东营区							

从表5-2可以看出，本书研究的海洋区域主要是山东省沿海城市，沿海城市因其靠海的地理优势，是山东省海洋经济发展的核心地区。同时，一些海洋产业（如海洋船舶制造业）的企业很多设在内陆地区，这些地区在海洋经济发展中发挥着重要作用，基于"海陆协同"思想，这些区域也属于海洋经济区域。

5.2　海洋经济超网络子网络模型构建

5.2.1　海洋产业网络模型构建

从前面得到包含海洋产业的山东省54部门投入产出表，以此为数据基础，根据第3章产业网络模型构建方法，构建山东省海洋产业网络模型。

（1）产业网络的矩阵表达。

基于拆分出的山东省54部门投入产出表构建包含54个产业节点的产业网络模型，海洋产业网络是其一个子网络。为分析海洋产业网络，首先构建包含54个节点的总产业网络模型。这里以直接消耗系数作为产业间关联系数矩阵，利用威弗组合指数识别产业间强关联，将产业间关联系数矩阵转换为0-1矩阵，因产业部门较多，这里以黑白格表示0-1矩阵，白格代表矩阵中元素1，黑格代表矩阵中元素0，见图5-2。

图 5 - 2　山东省 54 部门 0 - 1 矩阵示意图 （2012）

其中 12 个海洋产业的网络矩阵，其 0 - 1 矩阵用黑白格表达见图 5 - 3。

图 5 - 3　山东省海洋产业 0 - 1 矩阵示意图 （2012）

（2）产业网络的网络结构表达。

利用 UCINET 软件对图 5 - 2 中山东省 54 部门产业 0 - 1 矩阵进行可视化，得到其网络结构表达，见图 5 - 4。

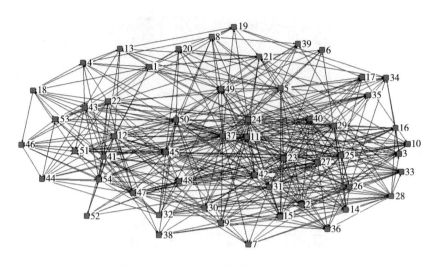

图 5 – 4 山东省 54 部门网络图 (2012)

其中,对表 5 – 3 中 12 个海洋产业的 0 – 1 矩阵进行可视化,得到山东省 12 个海洋产业网络图,见图 5 – 5。

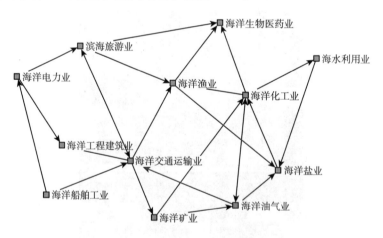

图 5 – 5 山东省海洋产业网络图

图 5 – 5 反映了山东省 12 个海洋产业之间的关联关系,从图 5 – 5 中可以直观看出产业关联程度,如海洋交通运输业、海洋渔业、海洋化工业和滨海旅游业等产业关联层级较高,海水利用业、海洋工程建筑业和海洋电力等产业关联层级较低。

5.2.2　海洋企业网络模型构建

从前面得到山东省 127 家海洋企业，以此为数据基础，根据第 3 章企业网络模型构建方法，构建山东省海洋企业竞争网络模型和山东省海洋企业合作网络模型。

（1）企业网络的矩阵表达。

根据第 3 章 3.3.2 小节企业网络的建模方法，构建企业关联矩阵，企业关联矩阵中元素代表企业间关联的紧密程度。本书研究企业数量较多，为表达简洁，此处省略企业间关联系数矩阵，以黑白格简单刻画企业间关联，白格代表矩阵中元素非 0，黑格代表矩阵中元素 0[①]。山东省海洋企业竞争关联矩阵和山东省海洋企业合作关联矩阵分别见图 5-6 和图 5-7。

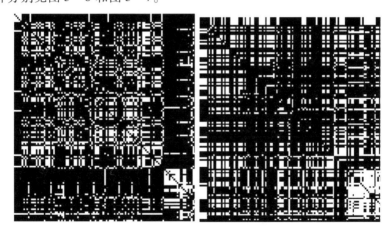

图 5-6　山东省海洋企业竞争关联　图 5-7　山东省海洋企业合作关联
　　　　　矩阵示意图　　　　　　　　　　　　矩阵示意图

从图 5-6 和图 5-7 可以看出，对于相同的山东省海洋企业群，企业竞争网络和企业合作网络的网络结构不同。第 6 章将利用网络结

---

① 本书构建的企业关联矩阵是 127×127 规模的方阵，若分别列出企业竞争网络和企业合作网络的关联矩阵，太过烦琐。在此用黑白格图对企业关联结构进行简单刻画。

构指标对这两类企业网络结构进行定量衡量。

（2）企业网络的网络结构表达。

利用 UCINET 软件对图 5 – 6 山东省海洋企业竞争关联矩阵和图 5 – 7 山东省海洋企业合作关联矩阵进行可视化，得到其网络表达①，见图 5 – 8 和图 5 – 9。

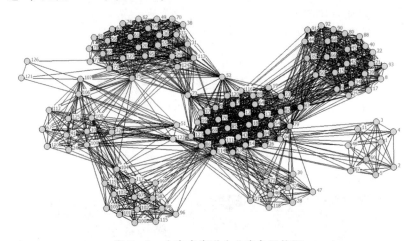

图 5 – 8　山东省海洋企业竞争网络图

从图 5 – 8 可以看出，山东省海洋企业竞争网络中企业链接具有差异性，企业间集团化程度较大，呈现类似"簇群"的网络结构特征，即属于同一产业的海洋企业关联程度较高，属于不同产业的海洋企业关联程度较低。山东省经济实力较强的海洋产业，如海洋渔业、海洋船舶工业、滨海旅游业对应的企业"簇群"规模相对较大，说明这些产业拥有企业数量较多，相应市场规模较大，经济较活跃；反之，新兴海洋产业，如海水利用业、海洋电力业等，对应的企业"簇群"规模相对较小，说明这些产业拥有企业数量较少，还处于起步阶段，发展潜力较大。

---

①　因山东省海洋企业竞争网络和山东省海洋企业合作网络的网络密度均较大，若在对企业关联矩阵可视化时考虑边的权重，生成的网络图中将过于稠密，不利于网络结构的可视化表达。因此此处的企业网络模型不考虑边的权重，企业间关联强度通过定量指标进行描述。

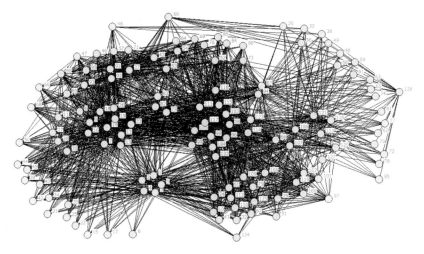

图 5 – 9 山东省海洋企业合作网络图

从图 5 – 9 可以看出，在山东省海洋企业合作网络中，企业间强关联形成的高密度聚集区（如海洋盐业、海洋化工业企业聚集形成的密集区），是企业链接而成的利益联盟体，企业联盟使企业在合作状态下能够持续分享市场利益。但同时也可以看出，一些海洋产业对应的企业群虽然具有较大的"簇群"结构，但在企业合作网络中并不处于网络密集区，如海洋船舶制造业。这主要是因为，相比于其他类型的企业，海洋船舶制造企业在生产过程中与其他海洋企业合作较少。

5.2.3 海洋区域网络模型构建

根据区域网络模型构建方法可知，若所研究的区域范围存在官方公布的区域间投入产出表，则利用区域间投入产出数据构建区域网络；否则，引入企业这一微观变量，通过企业间贸易汇总得到地区间产业贸易情况，以此为基础，构建区域网络，得到山东省 36 个海洋区域，该研究范围内不存在官方公布的区域间投入产出表，因此利用第 3 章基于企业活动构建区域网络的方法，研究山东省海洋区域网络模型构建。

（1）区域网络的矩阵表达。

根据区域网络的建模方法，构建区域关联矩阵，区域关联矩阵中元素代表区域间关联的紧密程度。为表达简洁，此处省略区域间关联系数矩阵，以黑白格简单刻画区域间关联，见图 5 – 10。

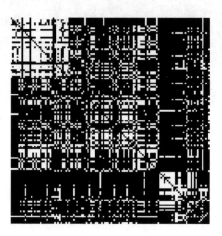

图 5 – 10　山东省海洋区域关联矩阵示意图

（2）区域网络的网络结构表达。

将区域关联矩阵归一化，并利用 ARC GIS 软件对其进行可视化，得到山东省海洋区域网络模型。

5.3　海洋经济超网络子网络耦合

海洋经济超网络不是海洋产业网络、海洋企业网络和海洋区域网络三层子网络的简单堆积，需要根据异质节点间映射关系和层间逻辑关系进行科学耦合。

5.3.1　异质节点间映射关系

在海洋经济超网络中，异质节点间映射关系包括产业节点与企业

节点映射关系，产业节点与区域节点映射关系和企业节点与区域节点
映射关系，见图 5 - 11。

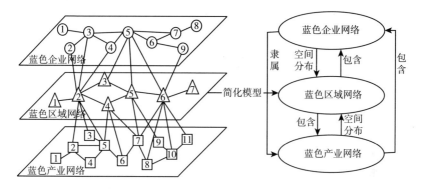

图 5 - 11　海洋经济超网络异质节点映射关系

5.3.2　子网络层间逻辑关系

海洋经济超网络包含三层子网络：产业网络、企业网络和区域网络，三层子网络互相促进、互为制约，层内关系和层间关系错综复杂。产业间的依赖与制约关系是经济活动中重要的基础性关系，产业作为海洋经济运行的中观层面，连接着微观层面的企业行为和宏观区域层面的经贸往来。基于此，本章根据"海洋产业网络→海洋企业网络→海洋区域网络"构建海洋经济超网络。首先，基于海洋产业间上下游关系和技术经济联系构建海洋产业网络；其次，依据海洋产业所对应的海洋企业范围，结合产业链和海洋企业生产的产品构建企业网络；最后，依据海洋企业所在区域和区域间经贸往来关系构建海洋区域网络。

5.3.3　海洋经济超网络模型

根据第 3 章可知，海洋经济超网络是包含三层子网络的超网络模

型,海洋产业—企业超网络、海洋产业—区域超网络、海洋企业—区域超网络是包含两层子网络的超网络模型,是海洋经济超网络的子网络。本部分分别进行模型构建。

(1) 海洋产业—企业超网络模型。

前面得到海洋产业网络和海洋企业网络两层网络,以此为基础,依据产业和企业之间的映射关系,得到海洋产业—企业超网络模型。

①海洋产业—企业超网络的矩阵表达。

海洋产业—企业超网络矩阵是一个 2×2 的分块矩阵 $A = \begin{pmatrix} A^{11} & A^{12} \\ A^{21} & A^{22} \end{pmatrix}$,对角线上的矩阵反映产业网络或企业网络层内关联结构,非对角线上的矩阵反映产业—企业层间关联结构。海洋产业—企业超网络矩阵包括 139 个节点。因本书海洋企业包括海洋竞争企业和海洋合作企业,因此形成海洋产业—竞争企业超网络和海洋产业—合作企业超网络。以黑白格对其关联结构进行直观刻画,见图 5 - 12 和图 5 - 13。

图 5 - 12　海洋产业—竞争企业
关联矩阵示意图

图 5 - 13　海洋产业—合作企业
关联矩阵示意图

在图 5 – 12 和图 5 – 13 中，分块矩阵 A^{11} 表示企业关联，即图中左上区域反映企业间的竞争关系/合作关系，分块矩阵 A^{22} 表示产业关联，即图中右下区域反映产业间的关联关系。A^{12} 和 A^{21} 是对称矩阵，反映山东省海洋产业与山东省海洋企业之间的映射关系。

②海洋产业—企业超网络的网络结构表达。

利用 UCINET 软件对图 5 – 12 山东省海洋产业—竞争企业关联矩阵和图 5 – 13 山东省海洋产业—合作企业关联矩阵进行可视化，得到其网络表达，见图 5 – 14 和图 5 – 15。

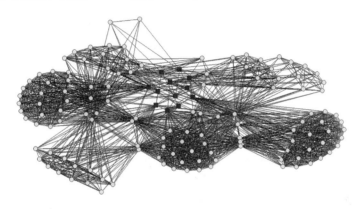

图 5 – 14　山东省海洋产业—竞争企业网络图

注：图中方形节点为产业，圆形节点为企业。

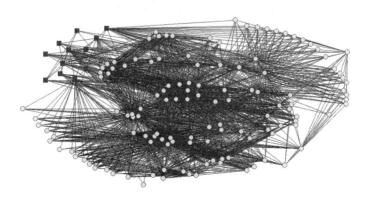

图 5 – 15　山东省海洋产业—合作企业网络图

注：图中方形节点为产业，圆形节点为企业。

（2）海洋产业—区域超网络模型。

前面得到海洋产业网络和海洋区域网络两层网络，以此为基础，依据产业和区域之间的映射关系，得到海洋产业—区域超网络模型。

①海洋产业—区域超网络的矩阵表达。

海洋产业—区域超网络矩阵是一个 2×2 的分块矩阵 $A = \begin{pmatrix} A^{11} & A^{12} \\ A^{21} & A^{22} \end{pmatrix}$，对角线上的矩阵反映产业网络或区域网络层内关联结构，非对角线上的矩阵反映产业—区域层间关联结构。海洋产业—区域超网络矩阵包括48个节点，以黑白格对其关联结构进行直观刻画，见图5 – 16。

图5 – 16　海洋产业—区域关联矩阵

在图5 – 16中，分块矩阵 A^{11} 表示区域关联，即图中左上区域反映区域间关联关系，分块矩阵 A^{22} 表示产业关联，即图中右下区域反映产业间的关联关系。A^{12} 和 A^{21} 是对称矩阵，反映山东省海洋产业与山东省海洋区域之间的映射关系。

②海洋产业—区域超网络的网络结构表达。

利用 UCINET 软件对图5 – 16山东省海洋产业—区域关联矩阵进行可视化，得到其网络表达，见图5 – 17。

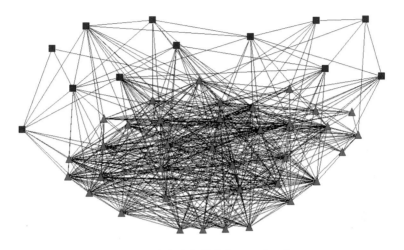

图 5 - 17　山东省海洋产业—区域网络图

注：图中方形节点为产业，三角节点为区域。

（3）海洋企业—区域超网络模型。

前面得到海洋企业网络和海洋区域网络两层网络，以此为基础，依据企业和区域之间的映射关系，得到海洋企业—区域超网络模型。

①海洋企业—区域超网络的矩阵表达。

海洋企业—区域超网络矩阵是一个 2×2 的分块矩阵 $A = \begin{pmatrix} A^{11} & A^{12} \\ A^{21} & A^{22} \end{pmatrix}$，对角线上的矩阵反映企业网络或区域网络层内关联结构，非对角线上的矩阵反映企业—区域层间关联结构。海洋企业—区域超网络矩阵包括 163 个节点。因本书海洋企业包括海洋竞争企业和海洋合作企业，因此形成海洋竞争企业—区域超网络和海洋合作企业—区域超网络。以黑白格对其关联结构进行直观刻画，见图 5 - 18 和图 5 - 19。

在图 5 - 18 和图 5 - 19 中，分块矩阵 A^{11} 表示区域关联，即图中左上区域反映区域间的关联关系。分块矩阵 A^{22} 表示企业关联，即图中右下区域反映企业间的竞争关系/合作关系，A^{12} 和 A^{21} 是对称矩阵，反映山东省海洋区域与山东省海洋企业之间的映射关系。

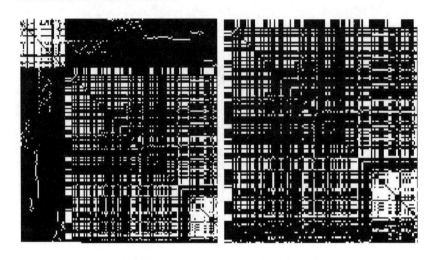

图 5 – 18　海洋竞争企业—
区域关联矩阵

图 5 – 19　海洋合作企业—
区域关联矩阵

②海洋企业—区域超网络的网络结构表达。

利用 UCINET 软件对图 5 – 18 山东省海洋竞争企业—区域关联矩阵和图 5 – 19 山东省海洋合作企业—区域关联矩阵进行可视化，得到其网络表达，见图 5 – 20 和图 5 – 21。

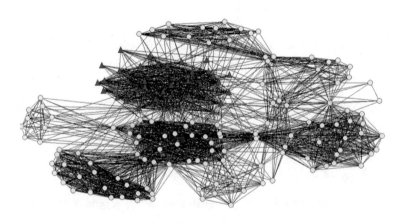

图 5 – 20　山东省海洋竞争企业—区域网络图

注：图中三角形节点为区域，圆形节点为企业。

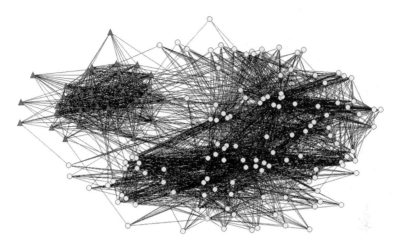

图 5 - 21　山东省海洋合作企业—区域网络图

注：图中三角形节点为区域，圆形节点为企业。

（4）海洋经济超网络模型。

前面得到海洋产业网络、海洋企业网络和海洋区域网络三层网络，以此为基础，依据三类主体之间的映射关系，得到海洋经济超网络模型。

①海洋经济超网络的矩阵表达。

海洋经济超网络矩阵是一个 3×3 的分块矩阵 $A = \begin{pmatrix} A^{11} & A^{12} & A^{13} \\ A^{21} & A^{22} & A^{23} \\ A^{31} & A^{32} & A^{33} \end{pmatrix}$，对角线上的矩阵反映产业网络、企业网络或区域网络层内关联结构，非对角线上的矩阵反映三类主体层间关联结构。海洋经济超网络矩阵包括 175 个节点。由于本书海洋企业包括海洋竞争企业和海洋合作企业，因此形成海洋经济超网络（竞争企业）和海洋经济超网络（合作企业）。以黑白格对其关联结构进行直观刻画，见图 5 - 22 和图 5 - 23。

在图 5 - 22 和图 5 - 23 中，分块矩阵 A^{11} 表示区域关联，即图中左上区域反映区域间的关联关系，分块矩阵 A^{22} 表示企业关联，即图

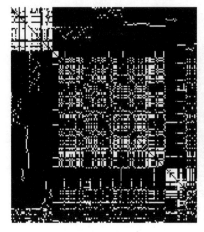 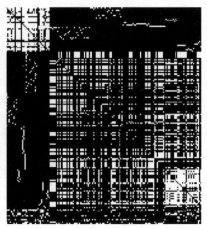

图 5 - 22　海洋经济超网络关联　　　　图 5 - 23　海洋经济超网络关联
　　　　矩阵（竞争企业）　　　　　　　　　　矩阵（合作企业）

中对角线中间区域反映企业间的竞争关系/合作关系，分块矩阵 A^{33}
表示产业关联，即图中右下区域反映产业间关联关系。A^{12} 和 A^{21} 是对
称矩阵，反映山东省海洋区域与山东省海洋企业之间的映射关系，
A^{13} 和 A^{31} 是对称矩阵，反映山东省海洋区域与山东省海洋产业之间的
映射关系，A^{23} 和 A^{32} 是对称矩阵，反映山东省海洋企业与山东省海洋
产业之间的映射关系。

②海洋经济超网络的网络结构表达。

利用 UCINET 软件对图 5 - 22 山东省海洋经济超网络关联矩阵
（竞争企业）和图 5 - 23 山东省海洋经济超网络关联矩阵（合作企
业）进行可视化，得到其网络表达，见图 5 - 24 和图 5 - 25。

图 5 - 24 和图 5 - 25 是山东省海洋经济超网络模型，存在产业、
企业和区域三类异质节点，存在同质节点间关联和异质节点间关联，
实现了从单层网络向超网络的拓展，也为运用超网络结构指标进一步
分析各主体内部及其之间的关系结构奠定了基础。

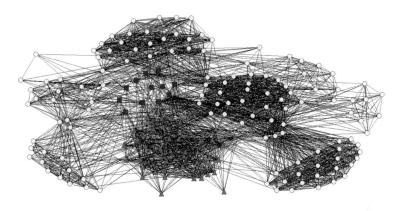

图 5 – 24　山东省海洋经济超网络（竞争企业）

注：图中方形节点为产业，三角形节点为区域，圆形节点为企业。

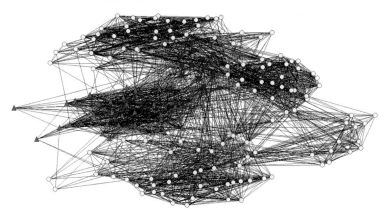

图 5 – 25　山东省海洋经济超网络（合作企业）

注：图中方形节点为产业，三角形节点为区域，圆形节点为企业。

第6章 应用实例Ⅱ——海洋经济超网络结构分析

6.1 层内重要节点及网络结构分析

本节主要利用基于节点局部结构的层内指标识别海洋经济超网络层内关键节点，如识别关键产业、具有竞争优势的企业、核心海洋经济区域等；基于网络整体结构的指标识别单层网络的基础支撑结构、核结构等，如识别支撑海洋经济发展的基础产业群、识别海洋经济发展的主体区域群等。下面分别从产业网络、企业网络、区域网络进行分析。

6.1.1 产业网络重要节点及网络结构

（1）基于节点局部结构的网络指标分析。

根据得到的山东省海洋产业网络模型以及基于节点局部结构的指标，借助 MATLAB 工具，计算产业网络中各项基于节点局部结构的网络指标，并进行汇总，计算结果见表 6-1。

表 6-1 海洋产业网络基于节点局部结构的指标计算结果

产业	产业出度	产业入度	产业关联度	相对圈度	度中心性	接近中心性	介数中心性	特征向量中心性
1	4	2	6	0.15	45.45	64.71	17.64	56.83
2	3	4	7	0.13	36.36	57.89	7.64	47.49
3	2	2	4	0.10	27.27	55.00	2.91	38.58
4	2	3	5	0.12	36.36	52.38	5.82	45.93
5	4	3	7	0.17	54.55	57.89	18.12	60.75
6	1	3	4	0.06	27.27	52.38	3.03	37.83
7	2	1	3	0.00	27.27	44.00	3.94	17.59
8	1	1	2	0.02	18.18	39.29	0.00	25.68
9	2	0	2	0.00	18.18	44.00	1.82	16.75

续表

产业	产业出度	产业入度	产业关联度	相对圈度	度中心性	接近中心性	介数中心性	特征向量中心性
10	0	2	2	0.00	18.18	44.00	1.82	16.75
11	4	3	7	0.15	54.55	64.71	35.76	51.99
12	3	4	7	0.10	36.36	57.89	14.24	39.54

根据层内节点重要性衡量方法，对山东省海洋产业网络中的各项指标进行排序，并依据排名进行打分，在此基础上计算各指标加权总分，进而选取产业网络中的重要节点，具体方法为：

步骤 1：确定排序规则。产业出度、产业入度、产业关联度、产业相对圈度、度中心性、接近中心性、介数中心性、特征向量中心性均按从大到小排序，因为对于这几个指标，数值越大节点越重要。在排序过程中，对于同一个指标下计算数值相同的节点，给予相同的排位。

步骤 2：给各项指标打分。在排名后，根据各项指标排名进行打分。因有 12 个产业，排名第 1 的节点在该指标下得 12 分，依次递减，排位相同的节点赋予相同的分值。

步骤 3：给各项指标赋权重。这里将产业出度、产业入度、产业关联度合并为一类指标，产业相对圈度为一类，度中心性、接近中心性、介数中心性、特征向量中心性合并为一类，进行权重计算。通过合并，产业网络中基于节点局部结构的指标共有 3 大类，这里认为这 3 大类指标的重要性相同，其权重均为 1/3，并将 3 类指标权重分配到其内部子指标上，得到产业出度、产业入度、产业关联度的权重均为 1/9，产业圈度权重为 1/3，度中心性、接近中心性、介数中心性、特征向量中心性的权重均为 1/12。

步骤 4：选取重要节点。在计算出各节点的总得分之后，计算 12 个节点总得分的平均值，高于平均值的节点，认为是海洋产业中的重要节点。

根据以上规则，对产业网络中的 12 个节点进行打分加权计算，得到产业网络中节点总得分，并以总得分大小进行排序，计算总得分平均值，总得分高于均值的产业，认为是产业网络中的重要节点，见表6-2。

表6-2 海洋产业网络节点重要性排序

位次	产业	总得分	是否重要节点
1	海洋化工业	11.11	是
2	海洋渔业	10.14	是
3	海洋交通运输业	10.00	是
4	海洋油气业	9.67	是
5	滨海旅游业	7.69	是
6	海洋盐业	7.64	是
7	海洋矿业	6.25	否
8	海洋生物医药业	5.11	否
9	海洋船舶工业	3.75	否
10	海水利用业	2.86	否
11	海洋电力业	2.28	否
12	海洋工程建筑业	1.50	否

在表6-2中，产业节点得分的平均值为6.5，高于平均值的节点有6个，分别是海洋化工业、海洋渔业、海洋交通运输业、海洋油气业、滨海旅游业和海洋盐业。这6个产业关联层级高、辐射范围广，是山东省海洋经济发展的重要产业。当政府加大对这6个产业的投入时，基于产业的辐射带动作用，能有效推动山东省海洋经济的增长。

（2）基于网络整体特征的网络结构指标分析。

根据得到的山东省海洋产业网络模型以及基于单层网络整体信息的指标，分析山东省海洋产业网络结构。

①产业网络核结构。

根据核结构识别方法，将产业网络视作有向网络，基于产业间出度与入度之和，识别山东省海洋产业网络中的核结构，见图6-1。

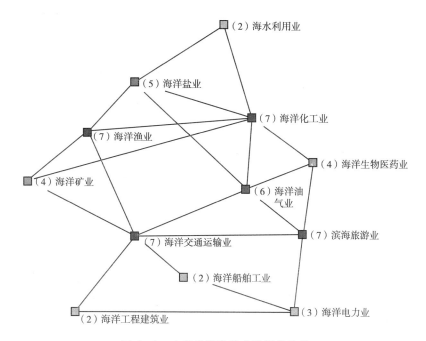

图 6 - 1　山东省海洋产业网络核结构

由图 6 - 1 可知，山东省海洋产业网络核内有 4 个产业，占总产业数的 33.3%，核内产业的核度值为 7，辐射范围较广。山东省海洋产业网络中核内产业是海洋渔业、海洋化工业、海洋交通运输业、滨海旅游业，这 4 个产业关联层级最高，与其他海洋产业存在紧密的联系，是决定山东省海洋产业网络结构和功能的重要产业群，由这 4 个关联程度最高的产业形成的产业群其他海洋产业有重要辐射和带动作用，对山东省海洋经济经济发展有重要影响。

②产业网络基础关联结构。

根据基础关联树构建算法，以产业间直接消耗系数作为赋权系数，识别山东省海洋产业网络中的基础关联结构，见图 6 - 2。

从图 6 - 2 可以看出，山东省海洋产业网络基础关联树有 9 条直径：海洋矿业（海水利用业、海洋工程建筑业）→海洋交通运输业→滨海旅游业→海洋渔业→海洋化工业→海洋生物医药业（海洋油气业、海洋船舶工业），直径长度为 6。直径上（不包括终端叶节

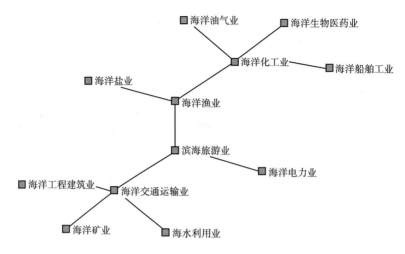

图 6-2 山东省海洋产业网络基础关联结构

点）有 4 个产业，根据产业在直径上从左到右顺序，分别是海洋交通运输业、滨海旅游业、海洋渔业、海洋化工业。这 4 个产业形成的产业群对山东省海洋经济发展有最强的支撑作用。叶节点产业有 8 个，分别是海洋工程建筑业、海洋矿业、海水利用业、海洋电力业、海洋盐业、海洋油气业、海洋船舶工业、海洋生物医药业，这些海洋产业主要分布在基础关联树末端，说明在山东省海洋经济发展中尚未处于核心地位，且与其他产业关联较弱。

③网络密度与聚类系数。

根据网络密度与聚类系数的计算公式，可以计算得出山东省海洋产业网络的网络密度为 0.212，聚类系数为 0.243。从山东省海洋产业网络的网络密度与聚类系数计算结果可知，山东省海洋产业网络结构较为松散，海洋产业之间关联还有待加强。

6.1.2 企业网络重要节点及网络结构

（1）基于节点局部结构的网络指标分析。

根据山东省海洋企业网络模型，分析山东省海洋企业网络结构。

首先借助 MATLAB 工具，计算基于节点局部结构的企业网络指标，因企业网络分为企业竞争网络和合作企业网络，本书将对其进行分别计算分析。

根据层内节点重要性衡量方法，对山东省海洋企业网络中的各项指标进行打分加权，在此基础上选取重要节点，具体方法为：

步骤 1：确定排序规则。企业节点度、企业相对圈度、度中心性、接近中心性、介数中心性、特征向量中心性按从大到小排序，因为对于这几个指标，数值越大节点越重要。在排序过程中，对于同一个指标下计算数值相同的节点，给予相同的排位。

步骤 2：给各项指标打分。在排名后，根据各项指标排名进行打分。因有 127 个企业，排名第 1 位的节点在该指标下得 127 分，依次递减，排位相同的节点赋予相同的分值。

步骤 3：给各项指标赋权重。这里将企业节点度视为一类，企业相对圈度视为一类，度中心性、接近中心性、介数中心性、特征向量中心性合并为一类。由企业竞争网络中圈度特征可知，企业竞争网络中相对圈度与企业节点度所反映的结构特征一致，基于此，在企业竞争网络中，不考虑节点圈结构，即在企业竞争网络中只考虑企业节点度和节点中心性两类指标。在给企业竞争网络中指标赋权时，认为节点度和节点中心性重要性相同，其权重均为 1/2，并将权重分配到其内部子指标上，得到企业竞争网络中企业度中心性、接近中心性、介数中心性、特征向量中心性的权重均为 1/8。

在企业合作网络中，认为这三项指标的重要性相同，其权重均为 1/3，并将三类指标权重分配到其内部子指标上，得到企业节点度和企业相对圈度权重为 1/3，度中心性、接近中心性、介数中心性、特征向量中心性的权重均为 1/12。

步骤 4：选取重要节点。在计算出各节点的总得分之后，计算 127 个节点总得分的平均值，高于平均值的节点，本书认为是重要节点。

超网络视角下海洋经济发展研究

根据以上规则，对企业竞争网络和企业合作网络中的127个节点
进行打分加权计算，得到企业网络中节点总得分，并以总得分大小进
行排序，计算总得分平均值，总得分高于均值的企业，认为是企业竞
争网络/合作网络中的重要节点。见表6-3和表6-4。

表6-3 企业竞争网络基于节点局部结构的指标计算结果

位次	企业代号	节点度	度中心性	接近中心性	介数中心性	特征向量中心性	总得分	是否重要节点
1	123	80	63.49	73.26	26.58	31.37	127	是
2	79	63	50	65.97	6.7	29.88	125.5	是
3	73	54	42.86	63.64	8.92	23.42	125.13	是
4	52	54	42.86	63.64	8.92	23.42	124.75	是
5	23	53	42.06	60.58	3.32	28.55	122.75	是
6	82	53	42.06	60.58	3.32	28.55	122	是
7	83	53	42.06	60.58	3.32	28.55	121.25	是
8	114	46	36.51	60.58	8.38	20.8	120.63	是
9	86	45	35.71	60.29	7.32	20.77	120	是
10	14	40	31.75	58.88	1.51	20.99	116.88	是
11	53	40	31.75	58.88	1.51	20.99	116.75	是
12	94	39	30.95	56.76	3.15	20.2	116.13	是
13	43	30	23.81	54.55	0	19.66	110.5	是
14	120	30	23.81	54.55	0	19.66	110.5	是
15	37	30	23.81	54.55	0	19.66	110.38	是
16	116	30	23.81	54.55	0	19.66	110.38	是
17	26	30	23.81	54.55	0	19.66	110.25	是
18	19	30	23.81	54.55	0	19.66	110.13	是
19	89	30	23.81	54.55	0	19.66	110.13	是
20	18	30	23.81	54.55	0	19.66	110	是
21	85	30	23.81	54.55	0	19.66	110	是
22	16	30	23.81	54.55	0	19.66	109.88	是
23	84	30	23.81	54.55	0	19.66	109.88	是
24	13	30	23.81	54.55	0	19.66	109.75	是

续表

位次	企业代号	节点度	度中心性	接近中心性	介数中心性	特征向量中心性	总得分	是否重要节点
25	76	30	23.81	54.55	0	19.66	109.75	是
26	12	30	23.81	54.55	0	19.66	109.63	是
27	69	30	23.81	54.55	0	19.66	109.63	是
28	9	30	23.81	54.55	0	19.66	109.5	是
29	64	30	23.81	54.55	0	19.66	109.5	是
30	7	30	23.81	54.55	0	19.66	109.38	是
31	54	30	23.81	54.55	0	19.66	109.38	是
32	75	40	31.75	51.64	5.45	6.13	109.38	是
33	113	33	26.19	54.31	2.85	6.54	106.25	是
34	29	31	24.6	53.85	1.51	6.52	104.75	是
35	31	31	24.6	53.85	1.51	6.52	104.13	是
36	104	30	23.81	49.61	2.18	3.26	100.13	是
37	122	28	22.22	56.25	3.82	5.38	93.63	是
38	6	27	21.43	46.49	0	13.19	88.88	是
39	8	27	21.43	46.49	0	13.19	88.88	是
40	15	27	21.43	46.49	0	13.19	88.88	是
41	17	27	21.43	46.49	0	13.19	88.88	是
42	21	27	21.43	46.49	0	13.19	88.88	是
43	22	27	21.43	46.49	0	13.19	88.88	是
44	25	27	21.43	46.49	0	13.19	88.88	是
45	34	27	21.43	46.49	0	13.19	88.88	是
46	35	27	21.43	46.49	0	13.19	88.88	是
47	39	27	21.43	46.49	0	13.19	88.88	是
48	40	27	21.43	46.49	0	13.19	88.88	是
49	42	27	21.43	46.49	0	13.19	88.88	是
50	44	27	21.43	46.49	0	13.19	88.88	是
51	45	27	21.43	46.49	0	13.19	88.88	是
52	50	27	21.43	46.49	0	13.19	88.88	是
53	66	27	21.43	46.49	0	13.19	88.88	是

续表

位次	企业代号	节点度	度中心性	接近中心性	介数中心性	特征向量中心性	总得分	是否重要节点
54	68	27	21.43	46.49	0	13.19	88.88	是
55	80	27	21.43	46.49	0	13.19	88.88	是
56	88	27	21.43	46.49	0	13.19	88.88	是
57	90	27	21.43	46.49	0	13.19	88.88	是
58	91	27	21.43	46.49	0	13.19	88.88	是
59	92	27	21.43	46.49	0	13.19	88.88	是
60	93	27	21.43	46.49	0	13.19	88.88	是
61	108	29	23.02	49.41	1.84	3.22	88.63	是
62	109	29	23.02	49.41	1.84	3.22	88.63	是
63	20	25	19.84	45	0	5.13	67	否
64	33	25	19.84	45	0	5.13	67	否
65	36	25	19.84	45	0	5.13	67	否
66	38	25	19.84	45	0	5.13	67	否
67	49	25	19.84	45	0	5.13	67	否
68	55	25	19.84	45	0	5.13	67	否
69	56	25	19.84	45	0	5.13	67	否
70	59	25	19.84	45	0	5.13	67	否
71	61	25	19.84	45	0	5.13	67	否
72	62	25	19.84	45	0	5.13	67	否
73	63	25	19.84	45	0	5.13	67	否
74	65	25	19.84	45	0	5.13	67	否
75	70	25	19.84	45	0	5.13	67	否
76	72	25	19.84	45	0	5.13	67	否
77	74	25	19.84	45	0	5.13	67	否
78	77	25	19.84	45	0	5.13	67	否
79	78	25	19.84	45	0	5.13	67	否
80	81	25	19.84	45	0	5.13	67	否
81	95	25	19.84	45	0	5.13	67	否
82	127	25	19.84	45	0	5.13	64.63	否

续表

位次	企业代号	节点度	度中心性	接近中心性	介数中心性	特征向量中心性	总得分	是否重要节点
83	106	23	18.25	55.02	2	2.91	61	否
84	107	23	18.25	55.02	2	2.91	60.25	否
85	111	20	15.87	51.43	0.9	5.24	58.63	否
86	32	21	16.67	54.55	1.12	2.88	58.25	否
87	51	16	12.7	53.39	0.77	2.1	48.13	否
88	58	17	13.49	41.72	0.01	2.36	44.38	否
89	96	17	13.49	41.72	0.01	2.36	44.25	否
90	98	17	13.49	41.72	0.01	2.36	44.13	否
91	103	17	13.49	41.72	0.01	2.36	44	否
92	105	17	13.49	41.72	0.01	2.36	43.88	否
93	115	17	13.49	41.72	0.01	2.36	43.75	否
94	117	17	13.49	41.72	0.01	2.36	43.63	否
95	27	13	10.32	45.99	0	4.36	38	否
96	28	13	10.32	45.99	0	4.36	38	否
97	30	13	10.32	45.99	0	4.36	38	否
98	46	13	10.32	45.99	0	4.36	38	否
99	47	13	10.32	45.99	0	4.36	38	否
100	57	13	10.32	45.99	0	4.36	38	否
101	71	13	10.32	45.99	0	4.36	38	否
102	118	13	10.32	45.99	0	4.36	38	否
103	97	16	12.7	41.58	0	2.33	37.13	否
104	100	16	12.7	41.58	0	2.33	37.13	否
105	101	16	12.7	41.58	0	2.33	37.13	否
106	102	16	12.7	41.58	0	2.33	37.13	否
107	119	16	12.7	41.58	0	2.33	37.13	否
108	125	15	11.9	43.15	0	1.18	33	否
109	10	15	11.9	43.15	0	1.18	32.88	否
110	24	15	11.9	43.15	0	1.18	32.88	否
111	41	15	11.9	43.15	0	1.18	32.88	否

续表

位次	企业代号	节点度	度中心性	接近中心性	介数中心性	特征向量中心性	总得分	是否重要节点
112	67	15	11.9	43.15	0	1.18	32.88	否
113	110	15	11.9	43.15	0	1.18	32.88	否
114	112	15	11.9	43.15	0	1.18	32.88	否
115	1	10	7.94	43.75	0	2.05	26.13	否
116	2	10	7.94	43.75	0	2.05	26.13	否
117	3	10	7.94	43.75	0	2.05	26.13	否
118	4	10	7.94	43.75	0	2.05	26.13	否
119	5	10	7.94	43.75	0	2.05	26.13	否
120	11	10	7.94	43.75	0	2.05	26.13	否
121	48	10	7.94	43.75	0	2.05	26.13	否
122	60	10	7.94	43.75	0	2.05	26.13	否
123	87	10	7.94	43.75	0	2.05	26.13	否
124	124	8	6.35	49.03	0	1.96	25.25	否
125	99	9	7.14	40.65	0	1.23	15.75	否
126	121	4	3.17	38.3	0	0.38	13.63	否
127	126	4	3.17	38.3	0	0.38	13.5	否

表 6－4 企业合作网络基于节点局部结构的指标计算结果

位次	企业代号	节点度	相对圈度	度中心性	接近中心性	介数中心性	特征向量中心性	总得分	是否重要节点
1	107	61	0.0177	48.41	65.63	4.35	18.57	120.75	是
2	94	62	0.0177	49.21	65.63	4.02	16.12	115.58	是
3	9	54	0.0164	42.86	62.69	3.85	17	111.67	是
4	103	58	0.0123	46.03	64.95	0.87	21.96	110.83	是
5	3	48	0.0168	38.1	61.17	2.25	12.98	110.5	是
6	1	48	0.0179	38.1	61.17	2.25	12.98	109.58	是
7	5	48	0.0163	38.1	61.17	2.25	12.98	109.17	是
8	104	67	0.0151	53.17	68.11	1.4	24.41	108.42	是
9	14	55	0.0146	43.65	63.32	1.49	18.17	108.25	是

续表

位次	企业代号	节点度	相对圈度	度中心性	接近中心性	介数中心性	特征向量中心性	总得分	是否重要节点
10	12	52	0.0153	41.27	61.46	1.49	16.97	107.92	是
11	19	49	0.0145	38.89	60	1.21	16.35	107.75	是
12	114	61	0.0133	48.41	65.97	1.1	22.46	106.08	是
13	99	52	0.0127	41.27	62.69	0.84	18.99	105.67	是
14	79	55	0.0103	43.65	63.96	0.56	21.1	101.17	是
15	105	58	0.0123	46.03	64.95	0.87	21.96	100.08	是
16	111	47	0.0116	37.3	61.46	0.75	17.88	100	是
17	90	38	0.0111	30.16	52.72	0.53	12.79	99.33	是
18	117	57	0.0122	45.24	64.62	0.86	21.54	99	是
19	87	46	0.0176	36.51	60.29	3.39	10.98	98.33	是
20	23	59	0.0134	46.83	64.95	1.19	20.44	97.92	是
21	92	38	0.0111	30.16	52.72	0.53	12.79	97.75	是
22	118	44	0.0089	34.92	60.29	0.54	17.37	97.25	是
23	83	54	0.0101	42.86	63.64	0.54	20.84	96.08	是
24	106	54	0.0164	42.86	63	2.93	14.04	95	是
25	82	54	0.0101	42.86	63.64	0.54	20.84	93.08	是
26	96	61	0.0134	48.41	65.97	1.1	22.44	92.25	是
27	113	35	0.0107	27.78	57.53	1.44	5.64	92	是
28	122	64	0.0146	50.79	67.02	1.3	23.34	90.08	是
29	98	60	0.0132	47.62	65.63	1.03	22.22	89.58	是
30	54	30	0.0074	23.81	52.28	0.25	12.47	88.58	是
31	115	57	0.0122	45.24	64.62	0.86	21.54	88.5	是
32	26	45	0.0132	35.71	58.06	0.92	15.5	87.92	是
33	121	44	0.0144	34.92	56.25	1.74	10.32	85.67	是
34	123	96	0.0294	76.19	80.77	15.02	27.1	85.58	是
35	75	33	0.0062	26.19	56.5	0.56	12.56	83.5	是
36	16	50	0.0151	39.68	60.58	1.34	16.45	82.92	是
37	58	62	0.0138	49.21	66.32	1.25	22.7	82.92	是
38	37	40	0.0117	31.75	56.25	0.72	14.48	82.25	是

续表

位次	企业代号	节点度	相对圈度	度中心性	接近中心性	介数中心性	特征向量中心性	总得分	是否重要节点
39	88	37	0.0106	29.37	52.5	0.47	12.56	81.67	是
40	86	39	0.0082	30.95	53.85	0.7	14.68	80.33	是
41	13	52	0.0153	41.27	61.46	1.49	16.97	79.83	是
42	18	49	0.0145	38.89	60	1.21	16.35	77.67	是
43	7	54	0.0164	42.86	62.69	2.76	17.04	77.58	是
44	109	41	0.0058	32.54	58.6	0.25	14.98	75.17	是
45	4	48	0.0171	38.1	61.17	2.25	12.98	75.08	是
46	53	43	0.0066	34.13	60	0.29	17.61	74.83	是
47	2	48	0.0174	38.1	61.17	2.25	12.98	74.42	是
48	10	27	0.0042	21.43	54.78	0.11	11.07	73.92	是
49	43	37	0.01	29.37	54.78	0.52	14	73.25	是
50	93	38	0.0111	30.16	52.72	0.53	12.79	72.92	是
51	100	27	0.0042	21.43	50.2	0.07	10.12	72.33	是
52	119	28	0.0026	22.22	50.4	0.04	11.16	71	是
53	108	41	0.0058	32.54	58.6	0.25	14.98	69.67	是
54	101	27	0.0042	21.43	50.2	0.07	10.12	68.67	是
55	110	27	0.0042	21.43	54.78	0.11	11.07	68.58	是
56	28	30	0.006	23.81	56.25	0.21	9.82	68.25	是
57	80	32	0.0095	25.4	50.2	0.32	10.75	67.83	是
58	102	27	0.0042	21.43	50.2	0.07	10.12	66.83	是
59	60	25	0.0096	19.84	47.19	0.9	6.6	66	是
60	71	28	0.0046	22.22	56	0.11	10.93	65.83	是
61	64	28	0.0066	22.22	51.64	0.19	12.07	64.17	是
62	48	18	0.0069	14.29	45	0.39	5.28	62.92	否
63	27	30	0.006	23.81	56.25	0.21	9.82	62.58	否
64	50	22	0.0065	17.46	46.84	0.11	7.52	61.58	否
65	91	38	0.0111	30.16	52.72	0.53	12.79	61.33	否
66	39	19	0.0058	15.08	46.15	0.07	6.73	61	否
67	52	36	0.0091	28.57	54.08	0.84	14.07	61	否

续表

位次	企业代号	节点度	相对圈度	度中心性	接近中心性	介数中心性	特征向量中心性	总得分	是否重要节点
68	69	26	0.0053	20.63	50.81	0.12	11.63	59.58	否
69	24	27	0.0042	21.43	54.78	0.11	11.07	59.25	否
70	22	13	0.0052	10.32	44.84	0.04	4.81	59	否
71	84	21	0.0051	16.67	49.61	0.09	9.6	56.58	否
72	67	27	0.0042	21.43	54.78	0.11	11.07	55.83	否
73	76	25	0.0051	19.84	50.6	0.11	11.37	55.67	否
74	126	25	0.0096	19.84	45	0.49	2.47	54.97	否
75	30	30	0.006	23.81	56.25	0.21	9.82	54.92	否
76	47	25	0.0041	19.84	55.02	0.09	9.37	53.17	否
77	42	19	0.0058	15.08	46.15	0.07	6.73	51.92	否
78	73	30	0.0069	23.81	52.07	0.48	12.54	51.92	否
79	66	27	0.0082	21.43	48.65	0.2	9.12	51.58	否
80	15	10	0.0038	7.94	43.9	0.02	3.63	51.25	否
81	68	27	0.0082	21.43	48.65	0.2	9.12	50.92	否
82	51	36	0.0043	28.57	57.27	0.13	13.52	49.67	否
83	44	20	0.0064	15.87	46.49	0.09	7.07	49.58	否
84	89	20	0.0037	15.87	49.41	0.06	9.39	48	否
85	41	27	0.0042	21.43	54.78	0.11	11.07	47	否
86	40	19	0.0058	15.08	46.15	0.07	6.73	46.33	否
87	33	10	0.0033	7.94	47.37	0.08	2.82	45.83	否
88	32	27	0.0042	21.43	54.78	0.11	11.07	45.58	否
89	85	21	0.0051	16.67	49.61	0.09	9.6	45.42	否
90	45	20	0.0064	15.87	46.49	0.09	7.07	45.33	否
91	97	25	0.0042	19.84	49.8	0.07	9.13	44.92	否
92	49	9	0.0028	7.14	47.01	0.04	2.69	44.67	否
93	8	6	0.0025	4.76	42.57	0.01	1.97	43.33	否
94	78	8	0.0023	6.35	46.67	0.02	2.53	43.17	否
95	25	14	0.0048	11.11	45	0.04	5.31	42.58	否
96	46	25	0.0041	19.84	55.02	0.09	9.37	42.08	否

续表

位次	企业代号	节点度	相对圈度	度中心性	接近中心性	介数中心性	特征向量中心性	总得分	是否重要节点
97	35	18	0.0053	14.29	45.82	0.06	6.39	41.58	否
98	34	18	0.0053	14.29	45.82	0.06	6.39	40.58	否
99	57	27	0.0042	21.43	55.75	0.09	10.25	40.58	否
100	112	27	0.0042	21.43	54.78	0.11	11.07	39.92	否
101	20	10	0.0033	7.94	47.37	0.08	2.82	39.25	否
102	95	6	0.0012	4.76	46.15	0.01	1.82	37.33	否
103	29	15	0.0046	11.9	52.72	0.23	4.38	37.25	否
104	21	13	0.0052	10.32	44.84	0.04	4.81	35.67	否
105	31	15	0.0046	11.9	52.72	0.23	4.38	35.25	否
106	125	27	0.0042	21.43	54.78	0.11	11.07	34.57	否
107	56	9	0.0028	7.14	47.01	0.04	2.69	31.75	否
108	17	11	0.0043	8.73	44.21	0.03	4.03	31.67	否
109	63	8	0.0023	6.35	46.67	0.02	2.53	31	否
110	65	8	0.0023	6.35	46.67	0.02	2.53	29.92	否
111	72	8	0.0023	6.35	46.67	0.02	2.53	28.67	否
112	62	8	0.0023	6.35	46.67	0.02	2.53	28.25	否
113	36	10	0.0033	7.94	47.37	0.08	2.82	26.58	否
114	38	10	0.0033	7.94	47.37	0.08	2.82	25.58	否
115	116	19	0.0016	15.08	49.22	0.01	8.49	24.42	否
116	6	1	0.0004	0.79	38.65	0	0.41	23.92	否
117	81	8	0.0023	6.35	46.67	0.02	2.53	23.17	否
118	55	9	0.0028	7.14	47.01	0.04	2.69	21.33	否
119	124	9	0.002	7.14	44.84	0.02	2.67	19.65	否
120	59	9	0.0028	7.14	47.01	0.04	2.69	18.25	否
121	120	19	0.0018	15.08	49.22	0.02	8.34	17.67	否
122	61	8	0.0023	6.35	46.67	0.02	2.53	16.25	否
123	70	8	0.0023	6.35	46.67	0.02	2.53	13.92	否
124	74	8	0.0023	6.35	46.67	0.02	2.53	12.58	否

续表

位次	企业代号	节点度	相对圈度	度中心性	接近中心性	介数中心性	特征向量中心性	总得分	是否重要节点
125	77	8	0.0023	6.35	46.67	0.02	2.53	11.92	否
126	11	2	0.0008	1.59	39.13	0	0.82	8.17	否
127	127	1	0.0004	0.79	44.84	0	0.65	7.04	否

在表 6 - 3 中，企业竞争网络节点得分的平均值为 73.56，高于平均值的节点有 63 个，这些企业是影响山东省海洋经济市场竞争的关键企业。在表 6 - 4 中，企业合作网络节点得分的平均值为 63.46，高于平均值的节点有 61 个，这些企业是影响山东省海洋经济活动和推动海洋经济发展的关键企业。

（2）基于网络整体特征的网络结构指标分析。

根据山东省海洋企业网络模型以及基于单层网络整体信息的指标，分析山东省海洋企业网络结构。

①企业网络核结构。

根据核结构识别方法，将企业网络视作无向网络，基于企业间节点度，分别识别山东省海洋企业竞争网络核结构和山东省海洋企业合作网络核结构，见图 6 - 3 和图 6 - 4。

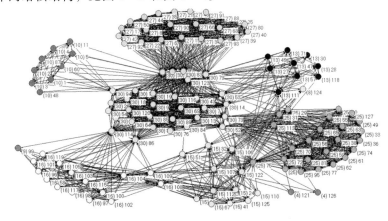

图 6 - 3　山东省海洋企业竞争网络核结构示意

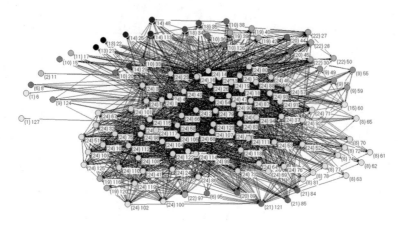

图 6 - 4　山东省海洋企业合作网络核结构示意

由图 6 - 3 和图 6 - 4 可知，在山东省海洋企业竞争网络中，核内企业数为 75，占总企业数的 59.1%；在山东省海洋企业合作网络中，核内企业数为 31，占总企业数的 24.4%；其中有 26 个企业既在山东省海洋企业竞争网络核中，又在山东省海洋企业合作网络核中，分别是企业 7，9，12，13，14，16，18，19，23，26，37，43，52，53，54，64，69，73，76，79，82，83，86，94，114，123。根据附录 2，核内的这 26 个企业，近 70% 是海洋渔业企业，还有部分是海洋化工企业、滨海旅游企业和海洋交通运输企业。由此可以看出，海洋渔业企业、海洋化工企业等传统海洋产业所涵盖的企业，仍然是山东省海洋经济发展的重要支撑。但从价值链上看，这些企业多处于价值链的中低端，山东省海洋经济发展要充分重视这些企业改造升级。

②企业网络基础关联结构。

根据基础关联树构建算法，根据基础关联树构建算法，以企业间竞争/合作关联强度作为赋权系数，识别山东省海洋企业竞争网络/合作网络基础关联结构，见图 6 - 5 和图 6 - 6。

从图 6 - 5 可以看出，山东省海洋企业竞争网络基础关联树有 8 条直径：113（124，31，29）→1→107→104→79→123→25→60

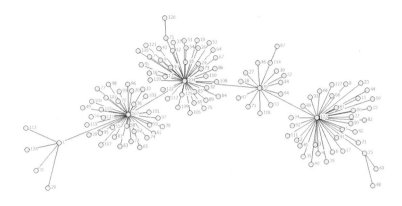

图 6 - 5　山东省海洋企业竞争网络基础关联结构示意

（48），直径长度为 8。直径上（不包括终端叶节点）有 6 个企业，根据企业在直径上从左到右顺序，分别是企业 1（中国远洋运输公司青岛分公司），企业 107（中石化胜利油建工程有限公司），企业 104（山东海化集团有限公司），企业 79（好当家集团有限公司），企业 123（山东海洋投资有限公司）和企业 25（青岛得宝湾海景大酒店）。从这 6 个企业本身发展来看，都属于行业内龙头企业，对该行业（产业）发展有重要推动作用。从这 6 个企业所属产业看，仍然是相对传统的海洋产业，即海洋渔业、海洋化工业、滨海旅游业、海洋交通运输业等。这 6 个企业与其他企业关联密切，辐射带动作用强，在

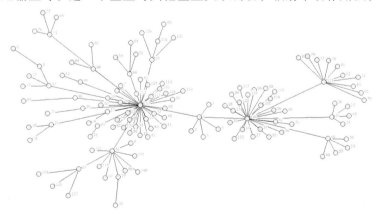

图 6 - 6　山东省海洋企业合作网络基础关联结构示意

山东省海洋企业竞争网络中处于核心地位，对维持山东省海洋企业竞争网络结构和功能有最强的支撑作用。

从图6-6可以看出，山东省海洋企业合作网络基础关联树有18条直径：6→9→15→22→1→8→7→87→61（74，77，78，81，62，72，63，65，70），6→9→15→22→1→8→7→48→36（20，38，33），6→9→15→22→1→8→7→60→56（59，55，49），直径长度为9。每条直径上（不包括终端叶节点）有7个企业，上述18条直径共包括9个直径上的企业，根据企业在直径上从左到右顺序，分别是企业9（青岛鑫安水产品有限公司），企业15（青岛明珠海港大酒店），企业22（青岛海都大酒店），企业107（中石化胜利油建工程有限公司），企业1（中国远洋运输公司青岛分公司），企业104（山东海化集团有限公司），企业123（山东海洋投资有限公司），企业38（烟台莱佛士船业有限公司）和企业60（渤海轮渡股份有限公司）。从这9个企业本身发展来看，也都属于行业内龙头企业，对该行业（产业）发展有重要推动作用。从这9个企业所属产业看，仍然是相对传统的海洋产业，即海洋渔业、海洋化工业、滨海旅游业、海洋交通运输业等。这9个企业与其他企业关联密切，辐射带动作用强，在山东省海洋企业合作网络中处于核心地位，对维持山东省海洋企业合作网络结构和功能有最强的支撑作用。

③网络密度与聚类系数。

根据网络密度与聚类系数的计算公式，可以计算得出山东省海洋企业竞争网络的网络密度为0.2480，聚类系数为0.783。山东省海洋企业合作网络的网络密度为0.1992，聚类系数为0.401。从山东省海洋企业网络的网络密度与聚类系数计算结果可知，山东省海洋企业竞争网络结构比合作网络结构紧密，企业间市场竞争较为激烈，企业间合作还有待加强。

6.1.3 区域网络重要节点及网络结构

（1）基于节点局部结构的网络指标分析。

根据山东省海洋区域网络模型，借助 MATLAB 工具，计算基于节点局部结构的区域网络指标。根据层内节点重要性衡量方法，对山东省海洋区域网络中的各项指标进行打分加权，在此基础上选取重要节点，具体方法为：

步骤 1：确定排序规则。区域节点度、区域相对圈度、度中心性、接近中心性、介数中心性、特征向量中心性按从大到小排序，因为对于这几个指标，数值越大节点越重要。在排序过程中，对于同一个指标下计算数值相同的节点，给予相同的排位。

步骤 2：给各项指标打分。在排名后，根据各项指标排名进行打分。因有 36 个区域，排名第 1 位的节点在该指标下得 36 分，依次递减直到 1 分，排位相同的节点赋予相同的分值。

步骤 3：给各项指标赋权重。这里将区域节点度视为一类，区域相对圈度视为一类，度中心性、接近中心性、介数中心性、特征向量中心性合并为一类，认为这三项指标的重要性相同，其权重均为 1/3，并将三类指标权重分配到其内部子指标上，得到区域节点度和区域相对圈度权重为 1/3，度中心性、接近中心性、介数中心性、特征向量中心性的权重均为 1/12。

步骤 4：选取重要节点。在计算出各节点的总得分之后，计算 36 个节点总得分的平均值，高于平均值的节点，本书认为是重要节点。

根据以上规则，对区域网络的 36 个节点进行打分加权计算，得到区域网络中节点总得分，并以总得分大小进行排序，计算总得分平均值，总得分高于均值的区域，认为是区域网络中的重要节点，见表 6 - 5。

表6-5　海洋区域网络基于节点局部结构的指标计算结果

位次	区域代号	节点度	相对圈度	度中心性	接近中心性	介数中心性	特征向量中心性	总得分	是否重要节点
1	1	35	0.0588	100	100	3.12	28.17	35	是
2	16	35	0.0605	100	100	3.12	28.17	34.75	是
3	17	35	0.0605	100	100	3.12	28.17	34.67	是
4	30	35	0.0595	100	100	3.12	28.17	33	是
5	18	32	0.0456	91.43	92.11	2.7	26.07	30.92	是
6	31	31	0.0352	88.57	89.74	0.64	27.18	28	是
7	29	30	0.0447	85.71	87.5	2.26	24.68	27.67	是
8	14	30	0.0322	85.71	87.5	0.43	26.7	27.58	是
9	35	31	0.0352	88.57	89.74	0.64	27.18	27.58	是
10	7	30	0.0307	85.71	87.5	0.43	26.7	27.17	是
11	15	30	0.0313	85.71	87.5	0.43	26.7	26.83	是
12	25	30	0.0322	85.71	87.5	0.43	26.7	26.67	是
13	10	30	0.0295	85.71	87.5	0.43	26.68	26.25	是
14	4	28	0.0451	80	83.33	2.25	22.37	23.08	是
15	6	29	0.0267	82.86	85.37	0.38	25.91	21.83	是
16	9	29	0.0268	82.86	85.37	0.32	26.07	21.58	是
17	11	29	0.0267	82.86	85.37	0.38	25.91	21.42	是
18	12	29	0.0267	82.86	85.37	0.38	25.91	21.33	是
19	20	29	0.0271	82.86	85.37	0.32	26.07	21.33	是
20	21	29	0.0271	82.86	85.37	0.32	26.07	21.25	是
21	3	29	0.0219	82.86	85.37	0.32	26.07	20.42	是
22	34	29	0.0267	82.86	85.37	0.38	25.91	19.5	否
23	22	28	0.0165	80	83.33	0.15	25.57	14.17	否
24	33	18	0.0299	51.43	67.31	0.97	14.54	13.42	否
25	2	23	0.012	65.71	74.47	0.05	21.67	12.83	否
26	23	25	0.0159	71.43	77.78	0.1	23.21	12.17	否
27	19	23	0.012	65.71	74.47	0.05	21.67	11.42	否
28	24	23	0.012	65.71	74.47	0.05	21.67	11	否
29	26	23	0.012	65.71	74.47	0.05	21.67	10.83	否

续表

位次	区域代号	节点度	相对圈度	度中心性	接近中心性	介数中心性	特征向量中心性	总得分	是否重要节点
30	36	26	0.0119	74.29	79.55	0.1	23.9	9.92	否
31	5	20	0.0118	57.14	70	0.09	18.39	9	否
32	8	8	0.0112	22.86	56.45	0.03	7.16	6.5	否
33	13	8	0.0112	22.86	56.45	0.03	7.16	6.08	否
34	27	8	0.0112	22.86	56.45	0.03	7.16	4.92	否
35	28	8	0.0112	22.86	56.45	0.03	7.16	4.83	否
36	32	15	0.0104	42.86	63.64	0.03	13.9	3.67	否

在表 6-5 中，区域节点得分的平均值为 19.67，高于平均值的区域有 21 个，主要集中在青岛、烟台、威海和济南，这些区域主要包括两类：一类是沿海经济发达区域，因其靠海的地理优势，海洋企业逐渐聚集，进而成为重要的海洋区域；另一类是行政级别较高的区域，如省会济南下属的三个区域，包含部分海洋企业总部，这些区域在海洋经济发展过程中也发挥着重要作用。

（2）基于网络整体特征的网络结构指标分析。

根据山东省海洋区域网络模型以及基于单层网络整体信息的指标，分析山东省海洋区域网络结构。

①区域网络核结构。

根据核结构识别方法，将区域网络视作无向网络，基于区域间节点度，识别山东省海洋区域网络中的核结构，见图 6-7。

在图 6-7 区域网络中，不同区域关联层级不同，由内向外区域核度逐渐减弱；核内区域处于网络的中心，关联层级最高，辐射力最强。由图 6-7 可知，山东省海洋区域网络核内区域数为 13，占总区域数的 36.1%，核度值为 20。核内 13 个区域分别是区域 1（烟台市芝罘区）、区域 3（烟台市蓬莱市）、区域 10（潍坊市潍城区）、区域 12（潍坊市寒亭区）、区域 14（威海市荣成市）、区域 16（日照市东港区）、区域 17（青岛市市南区）、区域 18（青岛市市北区）、区域

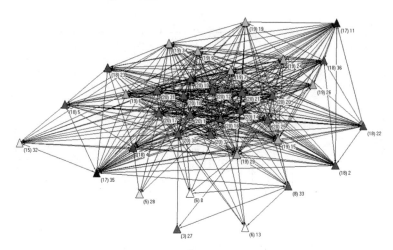

图 6 - 7　山东省海洋区域核结构示意

20（青岛市李沧区），区域 21（青岛市崂山区），区域 25（青岛市黄岛区），区域 30（济南市历下区），区域 31（东营市东营区）。这 13个关联程度最高的区域群形成的稠密区域，是山东省海洋经济区的核心，也是连通山东省海洋经济贸易的关键区域群。

②区域网络基础关联结构。

根据基础关联树构建算法，以区域间关联强度作为赋权系数，识别山东省海洋区域网络的基础关联结构，见图 6 - 8。

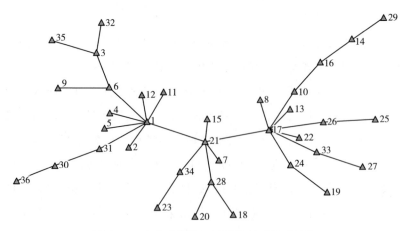

图 6 - 8　山东省海洋区域网络基础关联结构

从图 6 - 8 可以看出，山东省海洋区域网络基础关联树有 3 条直径：32（35）→3→6→1→21→17→10→16→14→29，36→30→31→1→21→17→10→16→14→29，直径长度为 10。直径上（不包括终端叶节点）有 8 个区域，根据区域在直径上从左到右顺序，分别是 30（济南市历下区），区域 31（东营市东营区），区域 1（烟台市芝罘区），区域 21（青岛市崂山区），区域 17（青岛市市南区），区域 10（潍坊市潍城区），区域 16（日照市东港区），区域 14（威海市荣成市），这 8 个区域形成的区域群是山东省海洋经济区的核心脉络，对山东省海洋经济区发展有最强的支撑作用。

③网络密度与聚类系数。

根据网络密度与聚类系数的计算公式，可以计算得出山东省海洋区域网络的网络密度为 0.6746，聚类系数为 0.394。从山东省海洋区域网络的网络密度与聚类系数计算结果可知，山东省海洋区域网络结构较为紧密，海洋区域之间关系密切。

6.2　层间重要节点及网络结构分析

本节主要利用基于节点局部结构的层间度量指标识别海洋经济超网络层间交互的关键节点，如识别海洋产业主要集中的区域、市场竞争激烈的产业、多元化经营的企业等；基于网络整体结构的层间指标可以用于识别海洋经济系统核心脉络，如识别海洋经济中关联层级最高、辐射范围最广的核心产业、企业和区域组合等。

6.2.1　层间重要节点分析

根据海洋经济超网络模型，网络中共有 175 个节点（12 个产业节点、127 个企业节点、36 个区域节点）和 173 条超边。借助 MAT-

LAB 工具，计算 175 个节点基于节点局部结构的层间度量指标，并对各项指标进行打分加权，在此基础上选取海洋经济超网络层间重要节点，具体方法为：

步骤 1：确定排序规则。节点超度、节点超中心性、节点强度中心性均按从大到小排序，因为对于这几个指标，数值越大节点越重要。在排序过程中，对于同一个指标下计算数值相同的节点，给予相同的排位。

步骤 2：给各项指标打分。在排名后，根据各项指标排名进行打分。因有 175 个节点，排名第 1 位的节点在该指标下得 175 分，依次递减，排位相同的节点赋予相同的分值。

步骤 3：给各项指标赋权重。这里将节点超度视为一类，节点超中心性和节点强度中心性视为一类，认为这两项指标的重要性相同，其权重均为 1/2，并将指标权重分配到其内部子指标上，得到节点超中心性和节点强度中心性权重为 1/4。

步骤 4：选取重要节点。在计算出各节点的总得分之后，计算 175 个节点总得分的平均值，高于平均值的节点，本书认为是重要节点。计算基于节点局部结构的海洋经济超网络层间指标，计算结果见表 6 - 6。

在表 6 - 6 中，175 个节点得分的平均值为 122.1，高于平均值的节点有 71 个，包括 12 个海洋产业、33 个海洋企业和 26 个海洋区域，它们在山东省海洋经济超网络层间交互过程中具有重要作用。这 33 个企业连接产业较多，说明是多元化经营的企业，一般也是实力较强的企业，在山东省海洋经济发展过程中起重要的支撑作用。这 26 个海洋区域连接产业和企业较多，是山东省海洋经济活动较为活跃的区域，通过进一步分析这 26 个海洋区域连接的海洋产业，可以得到这些区域的产业分布，见图 6 - 9。

从图 6 - 9 可以看出，山东省 26 个海洋经济活跃区域已成为山东省海洋产业主要聚集区，这些区域聚集效应和扩散效应较强，在山东

表 6－6　基于节点局部结构的层间指标计算结果

位次	代码	节点超度	超度中心性	强度中心性	总得分	是否重要节点
1	产业 1	31	0.18	0.37	175.00	是
2	产业 12	28	0.16	0.28	174.00	是
3	产业 9	26	0.15	0.21	173.00	是
4	产业 5	17	0.10	0.14	171.25	是
5	产业 2	16	0.09	0.16	171.00	是
6	产业 6	14	0.08	0.16	169.25	是
7	区域 16	16	0.09	0.10	169.25	是
8	区域 14	14	0.08	0.09	168.00	是
9	区域 17	12	0.07	0.11	167.25	是
10	产业 11	11	0.06	0.16	166.75	是
11	区域 31	12	0.07	0.08	165.50	是
12	产业 4	10	0.06	0.09	164.50	是
13	区域 15	10	0.06	0.08	163.50	是
14	区域 25	10	0.06	0.06	162.75	是
15	产业 10	9	0.05	0.08	161.75	是
16	区域 1	9	0.05	0.08	161.50	是
17	企业 123	6	0.03	0.07	157.75	是
18	区域 11	8	0.05	0.05	157.75	是
19	区域 7	6	0.03	0.05	156.75	是
20	区域 3	6	0.03	0.05	156.50	是
21	区域 24	7	0.04	0.05	156.50	是
22	企业 107	5	0.03	0.06	155.00	是
23	区域 30	5	0.03	0.05	153.75	是
24	产业 7	5	0.03	0.04	153.25	是
25	产业 3	4	0.02	0.05	151.75	是
26	区域 10	5	0.03	0.03	151.00	是
27	区域 21	4	0.02	0.04	150.00	是
28	企业 79	3	0.02	0.03	148.00	是
29	企业 104	3	0.02	0.03	147.75	是
30	企业 106	3	0.02	0.03	147.50	是
31	企业 113	3	0.02	0.03	147.25	是
32	企业 114	3	0.02	0.03	147.00	是

续表

位次	代码	节点超度	超度中心性	强度中心性	总得分	是否重要节点
33	企业122	3	0.02	0.03	146.75	是
34	区域9	3	0.02	0.03	146.25	是
35	区域34	3	0.02	0.02	146.00	是
36	区域29	2	0.01	0.04	142.25	是
37	企业14	2	0.01	0.02	140.00	是
38	企业23	2	0.01	0.02	140.00	是
39	企业29	2	0.01	0.02	140.00	是
40	企业31	2	0.01	0.02	140.00	是
41	企业32	2	0.01	0.02	140.00	是
42	企业51	2	0.01	0.02	140.00	是
43	企业52	2	0.01	0.02	140.00	是
44	企业53	2	0.01	0.02	140.00	是
45	企业58	2	0.01	0.02	140.00	是
46	企业73	2	0.01	0.02	140.00	是
47	企业75	2	0.01	0.02	140.00	是
48	企业82	2	0.01	0.02	140.00	是
49	企业83	2	0.01	0.02	140.00	是
50	企业86	2	0.01	0.02	140.00	是
51	企业94	2	0.01	0.02	140.00	是
52	企业96	2	0.01	0.02	140.00	是
53	企业98	2	0.01	0.02	140.00	是
54	企业103	2	0.01	0.02	140.00	是
55	企业105	2	0.01	0.02	140.00	是
56	企业108	2	0.01	0.02	140.00	是
57	企业109	2	0.01	0.02	140.00	是
58	企业111	2	0.01	0.02	140.00	是
59	企业115	2	0.01	0.02	140.00	是
60	企业117	2	0.01	0.02	140.00	是
61	企业121	2	0.01	0.02	140.00	是
62	区域18	2	0.01	0.02	140.00	是
63	区域20	2	0.01	0.02	140.00	是
64	区域23	2	0.01	0.02	140.00	是

续表

位次	代码	节点超度	超度中心性	强度中心性	总得分	是否重要节点
65	产业8	2	0.01	0.02	132.75	是
66	区域5	2	0.01	0.02	132.75	是
67	区域6	2	0.01	0.02	132.75	是
68	区域12	2	0.01	0.02	132.75	是
69	区域13	2	0.01	0.02	132.75	是
70	区域22	2	0.01	0.02	132.75	是
71	区域26	2	0.01	0.02	132.75	是
72	企业1	1	0.01	0.01	104.00	否
73	企业2	1	0.01	0.01	104.00	否
74	企业3	1	0.01	0.01	104.00	否
75	企业4	1	0.01	0.01	104.00	否
76	企业5	1	0.01	0.01	104.00	否
77	企业6	1	0.01	0.01	104.00	否
78	企业7	1	0.01	0.01	104.00	否
79	企业8	1	0.01	0.01	104.00	否
80	企业9	1	0.01	0.01	104.00	否
81	企业10	1	0.01	0.01	104.00	否
82	企业11	1	0.01	0.01	104.00	否
83	企业12	1	0.01	0.01	104.00	否
84	企业13	1	0.01	0.01	104.00	否
85	企业15	1	0.01	0.01	104.00	否
86	企业16	1	0.01	0.01	104.00	否
87	企业17	1	0.01	0.01	104.00	否
88	企业18	1	0.01	0.01	104.00	否
89	企业19	1	0.01	0.01	104	否
90	企业20	1	0.01	0.01	104	否
91	企业21	1	0.01	0.01	104	否
92	企业22	1	0.01	0.01	104	否
93	企业24	1	0.01	0.01	104	否
94	企业25	1	0.01	0.01	104	否
95	企业26	1	0.01	0.01	104	否
96	企业27	1	0.01	0.01	104	否

续表

位次	代码	节点超度	超度中心性	强度中心性	总得分	是否重要节点	位次	代码	节点超度	超度中心性	强度中心性	总得分	是否重要节点
97	企业28	1	0.01	0.01	104	否	113	企业47	1	0.01	0.01	104	否
98	企业30	1	0.01	0.01	104	否	114	企业48	1	0.01	0.01	104	否
99	企业33	1	0.01	0.01	104	否	115	企业49	1	0.01	0.01	104	否
100	企业34	1	0.01	0.01	104	否	116	企业50	1	0.01	0.01	104	否
101	企业35	1	0.01	0.01	104	否	117	企业54	1	0.01	0.01	104	否
102	企业36	1	0.01	0.01	104	否	118	企业55	1	0.01	0.01	104	否
103	企业37	1	0.01	0.01	104	否	119	企业56	1	0.01	0.01	104	否
104	企业38	1	0.01	0.01	104	否	120	企业57	1	0.01	0.01	104	否
105	企业39	1	0.01	0.01	104	否	121	企业59	1	0.01	0.01	104	否
106	企业40	1	0.01	0.01	104	否	122	企业60	1	0.01	0.01	104	否
107	企业41	1	0.01	0.01	104	否	123	企业61	1	0.01	0.01	104	否
108	企业42	1	0.01	0.01	104	否	124	企业62	1	0.01	0.01	104	否
109	企业43	1	0.01	0.01	104	否	125	企业63	1	0.01	0.01	104	否
110	企业44	1	0.01	0.01	104	否	126	企业64	1	0.01	0.01	104	否
111	企业45	1	0.01	0.01	104	否	127	企业65	1	0.01	0.01	104	否
112	企业46	1	0.01	0.01	104	否	128	企业66	1	0.01	0.01	104	否

续表

位次	代码	节点超度	超度中心性	强度中心性	总得分	是否重要节点
129	企业67	1	0.01	0.01	104	否
130	企业68	1	0.01	0.01	104	否
131	企业69	1	0.01	0.01	104	否
132	企业70	1	0.01	0.01	104	否
133	企业71	1	0.01	0.01	104	否
134	企业72	1	0.01	0.01	104	否
135	企业74	1	0.01	0.01	104	否
136	企业76	1	0.01	0.01	104	否
137	企业77	1	0.01	0.01	104	否
138	企业78	1	0.01	0.01	104	否
139	企业80	1	0.01	0.01	104	否
140	企业81	1	0.01	0.01	104	否
141	企业84	1	0.01	0.01	104	否
142	企业85	1	0.01	0.01	104	否
143	企业87	1	0.01	0.01	104	否
144	企业88	1	0.01	0.01	104	否
145	企业89	1	0.01	0.01	104	否
146	企业90	1	0.01	0.01	104	否
147	企业91	1	0.01	0.01	104	否
148	企业92	1	0.01	0.01	104	否
149	企业93	1	0.01	0.01	104	否
150	企业95	1	0.01	0.01	104	否
151	企业97	1	0.01	0.01	104	否
152	企业99	1	0.01	0.01	104	否
153	企业100	1	0.01	0.01	104	否
154	企业101	1	0.01	0.01	104	否
155	企业102	1	0.01	0.01	104	否
156	企业110	1	0.01	0.01	104	否
157	企业112	1	0.01	0.01	104	否
158	企业116	1	0.01	0.01	104	否
159	企业118	1	0.01	0.01	104	否
160	企业119	1	0.01	0.01	104	否

续表

位次	代码	节点超度	超度中心性	强度中心性	总得分	是否重要节点	位次	代码	节点超度	超度中心性	强度中心性	总得分	是否重要节点
161	企业120	1	0.01	0.01	104	否	169	区域19	1	0.01	0.01	104	否
162	企业124	1	0.01	0.01	104	否	170	区域35	1	0.01	0.01	104	否
163	企业125	1	0.01	0.01	104	否	171	区域27	1	0.01	0.01	104	否
164	企业126	1	0.01	0.01	104	否	172	区域28	1	0.01	0.01	104	否
165	企业127	1	0.01	0.01	104	否	173	区域32	1	0.01	0.01	104	否
166	区域2	1	0.01	0.01	104	否	174	区域33	1	0.01	0.01	104	否
167	区域4	1	0.01	0.01	104	否	175	区域36	1	0.01	0.01	104	否
168	区域8	1	0.01	0.01	104	否							

省海洋经济发展中发挥着重要作用。此外，从图6-9可以清晰看出，山东省海洋产业的空间分布和某些产业的聚集区。

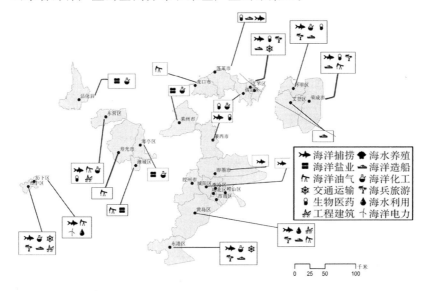

图6-9 山东省海洋经济活跃区域示意

6.2.2 层间网络结构分析

在山东省海洋经济超网络模型中，共有175个节点和173条超边。借助MATLAB工具，计算山东省海洋经济超网络层间网络结构指标，并进行分析。

①海洋经济超网络超边连接度与超边重叠度。

计算山东省海洋经济超网络中173条超边的超边连接度和超边重叠度，并按大小排序，见表6-7。

从表6-7可以看出，山东省海洋经济超网络中173条超边的超边连接度和超边重叠度相对排名相同，本书取排名前20%的超边，即排名前35的超边，分析这些超边具体包含的产业、企业、区域组合，见表6-8。

表 6 - 7 　　　　　　　 超边连接度与超边重叠度计算结果

超边	超边连接度	超边重叠度	超边	超边连接度	超边重叠度	超边	超边连接度	超边重叠度	超边	超边连接度	超边重叠度
1	40	0.0438	30	31	0.0333	59	31	0.0333	88	38	0.0400
2	39	0.0429	31	21	0.0229	60	38	0.0410	89	19	0.0200
3	9	0.0105	32	31	0.0333	61	32	0.0333	90	28	0.0286
4	19	0.0200	33	23	0.0238	62	32	0.0333	91	37	0.0400
5	19	0.0200	34	31	0.0333	63	32	0.0333	92	18	0.0171
6	34	0.0362	35	31	0.0333	64	34	0.0362	93	37	0.0400
7	27	0.0295	36	29	0.0314	65	31	0.0333	94	40	0.0438
8	35	0.0362	37	34	0.0371	66	31	0.0333	95	28	0.0314
9	39	0.0400	38	36	0.0381	67	31	0.0333	96	14	0.0133
10	21	0.0229	39	25	0.0276	68	31	0.0333	97	22	0.0219
11	12	0.0133	40	31	0.0333	69	31	0.0333	98	17	0.0162
12	34	0.0362	41	18	0.0190	70	31	0.0333	99	16	0.0152
13	28	0.0295	42	26	0.0276	71	31	0.0333	100	22	0.0219
14	28	0.0295	43	42	0.0438	72	35	0.0362	101	22	0.0219
15	42	0.0429	44	29	0.0305	73	39	0.0419	102	19	0.0190
16	41	0.0419	45	29	0.0305	74	34	0.0362	103	11	0.0105
17	29	0.0314	46	19	0.0200	75	35	0.0371	104	19	0.0200
18	25	0.0267	47	14	0.0143	76	31	0.0333	105	17	0.0162
19	36	0.0371	48	10	0.0095	77	34	0.0362	106	25	0.0267
20	15	0.0152	49	27	0.0286	78	34	0.0362	107	24	0.0257
21	31	0.0324	50	31	0.0333	79	41	0.0429	108	24	0.0257
22	34	0.0362	51	10	0.0095	80	32	0.0343	109	24	0.0257
23	32	0.0343	52	39	0.0429	81	30	0.0324	110	24	0.0248
24	30	0.0324	53	31	0.0333	82	31	0.0333	111	22	0.0238
25	15	0.0152	54	31	0.0333	83	28	0.0305	112	23	0.0248
26	33	0.0362	55	31	0.0333	84	31	0.0333	113	12	0.0114
27	26	0.0286	56	31	0.0333	85	20	0.0200	114	27	0.0286
28	16	0.0152	57	31	0.0333	86	34	0.0362	115	12	0.0114
29	14	0.0133	58	31	0.0333	87	38	0.0410	116	32	0.0343

续表

超边	超边连接度	超边重叠度	超边	超边连接度	超边重叠度	超边	超边连接度	超边重叠度	超边	超边连接度	超边重叠度
117	16	0.0152	132	17	0.0171	147	13	0.0143	162	18	0.0171
118	13	0.0124	133	17	0.0162	148	19	0.0229	163	10	0.0095
119	18	0.0171	134	31	0.0295	149	13	0.0162	164	5	0.0048
120	30	0.0324	135	19	0.0181	150	18	0.0181	165	10	0.0095
121	4	0.0043	136	36	0.0400	151	28	0.0267	166	18	0.0171
122	4	0.0043	137	34	0.0371	152	28	0.0267	167	17	0.0162
123	4	0.0043	138	25	0.0276	153	20	0.0190	168	15	0.0143
124	4	0.0038	139	24	0.0267	154	32	0.0314	169	12	0.0114
125	7	0.0071	140	35	0.0390	155	17	0.0162	170	35	0.0333
126	2	0.0019	141	25	0.0238	156	19	0.0181	171	7	0.0067
127	13	0.0119	142	30	0.0305	157	23	0.0219	172	32	0.0305
128	15	0.0143	143	22	0.0248	158	6	0.0057	173	18	0.0171
129	31	0.0295	144	19	0.0200	159	18	0.0181			
130	17	0.0171	145	20	0.0229	160	13	0.0133			
131	17	0.0171	146	11	0.0171	161	29	0.0276			

表 6 - 8　　　　　　　排名前 20% 的超边分析结果

超边	超边包含的节点	超边	超边包含的节点
1	（海洋交通运输业，企业 1，青岛市市南区）	75	（海洋渔业，企业 82，青岛市崂山区）
43	（海洋渔业，企业 43，烟台市芝罘区）	37	（海洋渔业，企业 37，烟台市长岛县）
94	（海洋渔业，企业 94，日照市东港区）	19	（海洋渔业，企业 38，青岛市城阳区）
79	（海洋渔业，企业 79，威海市荣成市）	137	（海洋船舶制造业，企业 73，威海市荣成市）
52	（海洋渔业，企业 52，烟台市蓬莱市）	6	（滨海旅游业，企业 6，青岛市市南区）
15	（滨海旅游业，企业 15，青岛市市南区）	8	（滨海旅游业，企业 8，青岛市市南区）
2	（海洋交通运输业，企业 2，青岛市市南区）	64	（海洋渔业，企业 64，威海市环翠区）

续表

超边	超边包含的节点	超边	超边包含的节点
73	（海洋渔业，企业 73，威海市荣成市）	22	（滨海旅游业，企业 22，青岛市黄岛区）
16	（海洋渔业，企业 16，岛市崂山区）	26	（海洋渔业，企业 26，青岛市平度市）
60	（海洋交通运输业，企业 60，烟台市芝罘区）	86	（海洋渔业，企业 86，日照市东港区）
87	（海洋交通运输业，企业 87，日照市东港区）	72	（海洋船舶制造业，企业 72，威海市荣成市）
88	（滨海旅游业，企业 88，日照市东港区）	74	（海洋油气业，企业 41，烟台市莱山区）
9	（海洋渔业，企业 9，青岛市即墨市）	77	（海洋船舶制造业，企业 77，威海市荣成市）
91	（滨海旅游业，企业 91，日照市东港区）	78	（海洋船舶制造业，企业 78，威海市荣成市）
136	（海洋化工业，企业 58，烟台市莱州市）	12	（海洋渔业，企业 12，青岛市城阳区）
93	（滨海旅游业，企业 93，日照市东港区）	23	（海洋渔业，企业 23，青岛市崂山区）
140	（滨海旅游业，企业 82，威海市荣成市）	80	（滨海旅游业，企业 80，威海市环翠区）
38	（海洋船舶制造业，企业 38，烟台市芝罘区）		

　　表6-8列出的35条超边是支撑山东省海洋经济超网络的最重要的超边。这些超边内产业、企业、区域的组合，在一定程度上能够决定山东省海洋经济的发展绩效。以超边1、超边60和超边87为例进行说明。超边1青岛市市南区海洋交通运输产业下中国远洋运输公司青岛分公司，超边60烟台市芝罘区海洋交通运输产业下渤海轮渡股份有限公司，超边87日照市东港区海洋交通运输产业下山东日照海洋运输公司，这三组产业、企业、区域的组合，具有很强的辐射和扩散作用，可以通过企业联盟、合作、协商等方式，实现上下游产业链延伸和区域间的合作，如实现山东省海洋交通运输业在产业链上向滨海旅游业、海洋工程建筑业等延伸，实现港口所在区域与滨海旅游所在区域的合作等。

②海洋经济超网络平均距离。

根据超网络平均距离计算方法可知，山东省海洋经济超网络中有173 条超边，需要将这 173 条超边转化为"超节点"，形成 173×173 的矩阵，再基于 Dijkstra 算法，借助 MATLAB 工具，求解山东省海洋经济超网络的平均距离。因为山东省海洋经济超网络分为包含竞争企业网络的超网络和包含合作企业网络的超网络，所以需要分别计算。经过计算可得，山东省海洋经济超网络（竞争企业）的平均距离为2.080，山东省海洋经济超网络（合作企业）的平均距离为 2.476。从计算结果看，山东省海洋经济超网络（合作企业）的平均距离略高于山东省海洋经济超网络（竞争企业）的平均距离。说明山东省海洋经济中，产业、企业、区域组合中的合作关系弱于竞争关系。

③海洋经济超网络密度与聚集系数。

根据企业网络的不同，山东省海洋经济超网络分为包含竞争企业网络的超网络和包含合作企业网络的超网络，下面分别计算这两类超网络的密度和聚集系数。根据超网络网络密度与聚集系数的计算公式，可以计算得出山东省海洋经济超网络（竞争企业）密度为0.162，聚集系数为 0.759；山东省海洋经济超网络（合作企业）密度为 0.1591，聚集系数为 0.427。

6.3　海洋经济发展问题及建议

从本书分析可知，海洋经济是一种注重"海陆协同"的跨产业、跨区域的新型立体经济，决定海洋经济发展水平的因素主要包括：海洋产业、海洋企业、海洋区域内部规模和水平和海洋产业、海洋企业、海洋区域之间的结构状态。根据本书对山东省海洋经济超网络的计算结果和未来预测结果，基于山东省海洋经济区规划，提出海洋经济战略实施的问题和建议。

6.3.1 海洋经济发展问题

（1）从海洋产业、海洋企业和海洋区域内部规模和水平看，山东省海洋经济发展还处于初级阶段，其发展水平和内部关联仍存在"低、弱、小"等特征。在产业方面，进入产业网络核结构和基础关联结构的产业数量较少，只有海洋渔业、海洋交通运输业、海洋化工业和滨海旅游业四个相对传统的海洋产业，海洋生物医药业、海洋矿业、海洋油气业等新兴产业的辐射范围和辐射强度均较弱，海洋产业整体上表现出"力小势弱"的特点。在企业方面，山东省海洋企业虽然数量较多，但难以形成发展的合力，通过企业竞争网络和企业合作网络对比可知，山东省海洋企业之间的竞争相对激烈，合作有待加强，很多企业（如青岛、烟台、日照等港口）在不大的发展空间里，竞争激烈。如何整合海洋资源，降低竞争、加强合作是山东省海洋企业发展的重点，也是现阶段存在的问题。在区域方面，虽然现阶段海洋经济活动区域已从沿海延伸至内陆，呈现出海陆联动趋势，但从区域网络结构看，进入基础关联结构的仍然只有沿海地区和省会济南，其他区域虽然已有海洋经济活动出现，但在山东省海洋经济发展中发挥的作用较小，海洋区域发展不均衡特征明显。

（2）从海洋产业、海洋企业和海洋区域之间的结构状态看，目前在山东省海洋经济发展过程中，渗透性强的"产业、企业、区域"组合主要是青岛、烟台和日照的海洋交通运输业下的几个大型企业，这些企业通过联盟、合作、协商等方式，实现上下游产业链延伸和区域间的合作，是山东省海洋经济发展的核心脉络。但其他"产业、企业、区域"组合辐射力有限，渗透性较弱，这使某类产业下的企业虽然在特定区域上形成聚集态势，但难以真正形成集群，更难以有效发挥产业集群的叠加效应、聚合效应和倍增效应。从目前海洋经济战略规划可以看出，战略规划主要强调海洋产业、海洋企业和海洋区域自身发展，对三者之间关系结构重视不足，弱化了海洋经济战略的价值。

（3）从山东省海洋经济超网络的发展趋势看，海陆协同将是山东省海洋经济发展的趋势。如何真正实现海陆协同发展是目前山东省发展海洋经济面临的关键问题。海陆协同需要新兴海洋产业的壮大和原有海洋产业的提升，需要加强企业联盟与一体化，需要加强区域协同合作等，同时也需要优化海洋产业、海洋企业和海洋区域的关系结构。但目前规划中对海洋产业规划层次不清晰、不完整，对不同海洋区域的战略功能重点不突出，协同性不强，对三者之间互动重视不足。这有可能形成"孤岛"，从而造成新的不可持续。

6.3.2　海洋经济发展建议

本部分将根据上述海洋经济发展问题，结合山东省资源优势和地缘政治，基于山东省海洋经济实际情况，提出未来海洋经济发展建议。

（1）海洋经济区规划应以产业链为基础，注重海洋产业、海洋企业和海洋区域互动发展。在制订海洋经济发展战略时，要充分考虑海洋产业链设计，尤其是新兴海洋产业的产业链设计，新兴海洋产业技术含量高，产业链延展性强，蕴含着巨大能量。在此基础上，培育核心海洋企业，打造行业龙头企业，通过"建链、补链、强链"形成企业间优势互补的产业链，提升企业核心竞争力，形成企业群体优势。此外，应重视产业链设计和区域合作之间的系统性协同，完善跨区域产业链，加强区域协同合作，推动山东省海洋经济增长和海陆协同发展。

（2）山东省海洋经济发展应注重产业集群和泛产业集群设计。从海洋产业看，海洋渔业、海洋化工业、海洋交通运输业、滨海旅游业形成的产业群是支撑山东省海洋经济发展的支柱产业群和优势产业群，在一定程度上能够决定山东省海洋经济系统的绩效。山东省海洋经济发展应重视这四个产业内部集群的设计，同时应将这四个产业看作一个泛产业群进行整体设计。

（3）发展山东省海洋经济过程中应积极实施、对接国家战略。在制订山东省海洋经济发展战略时，应充分考虑《黄河三角洲高效生态经济区发展规划》与《山东半岛海洋经济区发展规划》两大国家级战略。山东省"蓝""黄"两大战略是与山东省资源优势和地缘政治相匹配的国家战略。在制订海洋经济发展战略时，应以产业关联和产业链演化为基础，结合山东省"蓝""黄"发展战略中的区域定位，确定区域产业合作与分工，整合企业资源，以更有效地推动山东省海洋经济可持续发展与海陆协同发展。同时，应积极对接"21世纪海上丝绸之路"倡议，青岛、烟台作为"一带一路"双向开放的"桥头堡"，具有辐射内陆、连通南北、面向太平洋的战略区位优势，这些区域海洋经济活跃，在发展海洋经济过程中，应注重这些区域内优势产业和龙头企业的辐射带动作用，以重点产业、企业培育带动产业、企业、区域协同发展，通过地区分工合作形成海洋经济发展合力，参与国家"21世纪海上丝绸之路"建设，成为"21世纪海上丝绸之路"的重要支点。

第7章　结论与展望

7.1 主要工作与结论

7.1.1 主要工作

本书基于超网络分析方法，将产业网络模型拓展到海洋经济超网络模型。构建产业网络、企业网络和区域网络三层子网络，在此基础上构建三层网络耦合而成的海洋经济超网络，设计测度层内关联结构和层间关联结构的网络指标。在此基础上，以海洋经济进行应用研究。以山东省海洋产业、海洋企业和海洋区域为实例，分析海洋经济中产业、企业和区域内部结构及其之间的交互作用。应用研究不仅找到了山东省海洋经济发展中的问题，并提出相应建议，也对本书提出的海洋经济超网络模型和相关指标进行验证性分析。具体来讲，本书主要完成了以下三个方面的工作。

（1）构建了海洋经济超网络模型。

在目前研究成果中，产业网络、企业网络和区域网络大多是独立研究的。但经济管理中的许多实际问题，多是以产业为基础，由产业、企业和区域相互影响形成的，因此，仅限于产业单层网络的研究难以满足经济管理的实际需要。本书第 3 章引入超网络理论和方法构建了海洋经济超网络模型。在建模方面，本书在构建产业网络的基础上，并没有简单采用目前文献中已有的企业网络和区域网络建模方法，而是创新性地构建了反映产业关联的企业网络和反映产业经贸往来的区域网络，并根据三层网络的映射关系进行耦合得到超网络模型。

（2）设计了海洋经济超网络结构指标。

本书以海洋经济超网络指标设计为核心，分别从层内和层间两个视角设计了海洋经济超网络的网络结构衡量指标，其中，层内和层间指标又分别从基于节点局部结构和基于网络整体结构两个角度进行了研究设计。海洋经济超网络结构指标是从定量视角衡量产业、企业、区域内部关联关系及其交互作用，可以进一步确定子网络层内/层间重要节点，识别子网络层内/层间特殊网络结构，这对了解经济管理问题中的关键产业、核心企业和战略区域，明确三者之间的内部联系有重要意义。

（3）研究了海洋经济中的海洋经济超网络应用问题。

从目前中外学者对海洋经济的共同理解来看，海洋经济内涵丰富、层次多样，是以海洋为基础，注重海陆协同与可持续发展的低碳经济，是在某个特定区域形成的具有集群特征的新型经济。目前对海洋经济活动的研究主要是单层面单主体的定性研究，较少考虑海洋产业之间的关联结构、海洋经济区之间的空间结构以及企业之间的内在联系，此外，对产业、区域和企业之间的交互作用重视不足，尚未定量衡量多类主体之间的相互影响。本书以山东省海洋经济为实例，从多主体视角，利用海洋经济超网络模型对海洋经济活动中的三个重要因素（产业、区域和企业）进行定量研究，构建海洋经济超网络模型，分析其网络结构。这对从综合视角识别海洋经济发展中的问题并提出相应建议具有重要意义。

7.1.2　主要结论

在经济全球化和区域一体化背景下，经济管理中的热点问题越来越多地开始呈现出多元性、多层次、多主体和动态性等新特征。本书引入超网络分析方法，构建海洋经济超网络模型，设计海洋经济超网络衡量指标，以此研究海洋经济管理问题。通过以上的主要研究工作，本书得到以下结论。

（1）构建了海洋经济超网络模型，研究发现：

本书构建的海洋经济超网络模型将经济管理问题中产业、企业和区域内部关系及其之间关系进行了抽象量化，科学合理地将单层产业网络拓展到多层海洋经济超网络。与产业网络相比，海洋经济超网络将微观层面和中观（宏观）层面的数据集成起来构建网络模型，能够反映多种互动关系：产业间上下游和技术经济联系、企业间竞争/合作关系、区域间经贸往来关系、产业和企业的空间分布关系、产业和企业之间的依存关系等。经过拓展形成的海洋经济超网络可以对经济管理问题进行更细致的描述，为经济管理问题中多主体互动关系提供了更有效率和更具针对性的工具。

（2）研究了海洋经济超网络结构指标方法，研究发现：

本书构建的海洋经济超网络结构指标，定量衡量了海洋经济超网络层内和层间关联关系及其结构，这对识别经济管理问题中的关键因素和多主体互动提供了有效方法。

（3）以海洋经济为例，进行了应用研究，研究发现：

本书所构建的海洋经济超网络可以反映山东省海洋产业、企业和区域关联结构，所设计的层内层间关联结构指标可以识别山东省海洋经济发展的重要产业、企业和区域。通过应用研究，验证了本书提出的海洋经济超网络模型、网络结构指标具有一定有效性和科学性。

7.2　研究局限与展望

7.2.1　研究局限

本书围绕研究目标，遵循技术路线，利用超网络研究方法、图与网络研究方法，完成了本书所提的研究内容。但对于本书研究，在一些问题处理上尚存在一些不足之处，有待于未来进一步完善，主要局限包括：

（1）尚未找到更科学合理的海洋经济超网络重要节点识别方法。

在第 4 章识别层内和层间关键节点时，采用加权打分法进行衡量评价，但本书尚未找出最科学合理的权重确定方法。希望在未来，就这一问题，根据具体研究内容和研究目标进行具体细致分析，实现在权重确定上的突破。

（2）以山东省为例进行实证分析。虽然山东省海洋结构在我国有一定的代表性，但毕竟只是一个省份，不能完全代表其他省区市的海洋经济发展情况，研究具有一定的局限性。

7.2.2　研究展望

本书围绕海洋经济超网络模型构建、网络结构衡量和未来结构演化问题进行了系统研究，已取得了一定研究成果。但海洋经济超网络涉及的问题远不止本书的研究。未来可以在以下几个方面展开进一步研究。

（1）优化海洋经济超网络建模方法。

海洋经济超网络包括产业、企业和区域三类主体。在未来海洋经济超网络建模过程中，可以基于博弈论思想，研究企业的多主体博弈，以优化企业层网络模型构建。

（2）设计更有效反映海洋经济超网络结构的网络指标。

海洋经济超网络结构和特征需要利用海洋经济超网络结构指标进行反映和识别。在未来研究中，应设计更有效、更科学和算法复杂性更低的结构指标。

附录

附录1　本书模型中使用的产业代码及对应名称

代码	产业名称	代码	产业名称
1	海洋渔业	28	通用、专用设备制造业
2	海洋油气业	29	交通运输设备制造业
3	海洋矿业	30	电气、机械及器材制造业
4	海洋盐业	31	通信设备、计算机及其他电子设备制造业
5	海洋化工业	32	仪器仪表及文化办公用机械制造业
6	海洋生物医药业	33	其他制造业
7	海洋电力业	34	废品废料
8	海水利用业	35	电力、热力的生产和供应业
9	海洋船舶工业	36	燃气生产和供应业
10	海洋工程建筑业	37	水的生产和供应业
11	海洋交通运输业	38	建筑业
12	滨海旅游业	39	交通运输及仓储业
13	农业	40	邮政业
14	煤炭开采和洗选业	41	信息传输、计算机服务和软件业
15	石油和天然气开采业	42	批发和零售贸易业
16	金属矿采选业	43	住宿和餐饮业
17	非金属矿采选业	44	金融保险业
18	食品制造及烟草加工业	45	房地产业
19	纺织业	46	租赁和商务服务业
20	服装皮革羽绒及其制品业	47	科学研究事业
21	木材加工及家具制造业	48	综合技术服务业
22	造纸印刷及文教用品制造业	49	水利、环境和公共设施管理业
23	石油加工、炼焦及核燃料加工业	50	居民服务和其他服务业
24	化学工业	51	教育
25	非金属矿物制品业	52	卫生、社会保障和社会福利事业
26	金属冶炼及压延加工业	53	文化、体育和娱乐业
27	金属制品业	54	公共管理和社会组织

附录 2 本书模型中使用的企业代码及对应名称

企业代码	企业名称	企业代码	企业名称
1	中国远洋运输公司青岛分公司	21	青岛海尔洲际酒店
2	山东海丰国际航运集团有限公司	22	青岛海都大酒店
3	山东海运股份有限公司	23	青岛广通食品有限公司
4	青岛远洋大亚物流集团	24	青岛东方铁塔股份有限公司
5	青岛中远国际货运有限公司	25	青岛得宝湾海景大酒店
6	青岛远雄悦来酒店	26	青岛大禹渔业发展有限公司
7	青岛袁策生物科技有限公司	27	青岛博新生物技术有限公司
8	青岛颐中皇冠假日酒店	28	青岛贝尔特生物科技有限公司
9	青岛鑫安水产品有限公司	29	青岛北海船舶重工有限责任公司
10	青岛武船麦克德莫特海洋工程有限公司	30	普洛康裕股份有限公司
11	青岛铁骑国际物流公司	31	胶南市船舶修造厂
12	青岛市河套海洋渔业发展有限公司	32	海洋石油工程（青岛）有限公司
13	青岛市宝荣水产科技发展有限公司	33	国营青岛造船厂
14	青岛七好生物科技有限公司	34	烟台新时代大酒店
15	青岛明珠海港大酒店	35	烟台万达文华酒店
16	青岛龙盘海洋生态养殖有限公司	36	烟台普沃斯船舶制造有限公司
17	青岛李沧绿城喜来登酒店	37	烟台南隍城海珍品发展有限公司
18	青岛博益特生物材料股份有限公司	38	烟台莱佛士船业有限公司
19	青岛红福集团有限公司	39	烟台金沙滩喜来登度假酒店
20	青岛海西重机有限责任公司	40	烟台金海湾酒店

续表

企业代码	企业名称	企业代码	企业名称
41	烟台杰瑞石油服务集团股份有限公司	68	威海铂丽斯国际大酒店
42	烟台华安国际大酒店	69	山东鑫发渔业集团
43	烟台恒浩食品有限公司	70	山东省威海船厂
44	烟台孚利泰国际大酒店	71	山东康瑞生物科技有限公司
45	烟台东方海天酒店	72	山东大鱼岛造船有限公司
46	烟台东诚生化股份有限公司	73	山东百步亭船业有限公司
47	烟台东诚生化股份有限公司	74	三进船业有限公司
48	烟台全洲海运有限公司	75	荣成造船工业有限公司
49	蓬莱中柏京鲁船业有限公司	76	荣成市绿源海水养殖有限公司
50	烟台百纳瑞汀酒店	77	荣成神飞船舶制造有限公司
51	山东能源龙口矿业集团有限公司	78	黄海造船有限公司
52	山东汇洋集团	79	好当家集团有限公司
53	山东东方海洋科技股份有限公司	80	海悦建国饭店（威海）
54	山东东方海洋集团有限公司	81	东海船舶修造有限公司
55	蓬莱市渤海造船有限公司	82	赤山集团有限公司
56	蓬莱巨涛海洋工程重工有限公司	83	山东太公岛渔业有限公司
57	蓬莱海洋（山东）股份有限公司	84	山东荣信水产食品集团股份有限公司
58	莱州诚源盐化有限公司	85	山东美佳集团有限公司
59	海阳来福士海洋工程装备制造有限公司	86	山东洁晶集团股份有限公司
60	渤海轮渡股份有限公司	87	山东日照海洋运输公司
61	中航威海船厂有限公司	88	日照世纪之帆酒店
62	文登市造船厂	89	日照开航水产有限公司
63	文登市海通造船有限公司	90	日照金海花园大酒店
64	威海市宇王集团有限公司	91	日照皇室假期酒店
65	威海金洋造船有限公司	92	日照华美酒店
66	威海金海湾国际饭店	93	日照宏伟国际酒店
67	威海广泰空港设备股份有限公司	94	日照港股份有限公司

续表

企业代码	企业名称	企业代码	企业名称
95	日照港达船舶重工有限公司	112	山东宝莫生物化工股份有限公司
96	潍坊玉鼎化工有限公司	113	无棣津滨船舶重工有限公司
97	潍坊坤阳化工有限公司	114	山东鲁北化工股份有限公司
98	潍坊海之源化工有限公司	115	山东海明化工有限公司
99	寿光市馨海融雪剂制品有限公司	116	山东海城生态科技集团有限公司
100	寿光神润发海洋化工有限公司	117	山东埕口盐化有限责任公司
101	寿光富康制药有限公司	118	滨州万嘉生物科技有限公司
102	山东天一化学股份有限公司	119	滨州海洋化工有限公司
103	山东海王化工股份有限公司	120	山东省中鲁远洋渔业股份有限公司
104	山东海化集团有限公司	121	山东三融集团有限公司
105	山东大地盐化集团有限公司	122	山东能源集团有限公司
106	中石化石油工程设计有限公司	123	山东海洋投资有限公司
107	中石化胜利油建工程有限公司	124	济南建森基础工程有限公司
108	中国石化胜利油田	125	山东陆海石油装备有限公司
109	山东科瑞石油装备有限公司	126	山东三裕风电设备有限公司
110	山东骏马石油设备制造集团有限公司	127	山东省航宇船舶修造有限公司
111	山东国瓷功能材料股份有限公司		

附录3 本书模型中使用的区域代码及对应名称

区域代码	区域名称	区域代码	区域名称
1	烟台市芝罘区	19	青岛市平度市
2	烟台市长岛县	20	青岛市李沧区
3	烟台市蓬莱市	21	青岛市崂山区
4	烟台市牟平区	22	青岛市莱西市
5	烟台市龙口市	23	青岛市胶州市
6	烟台市莱州市	24	青岛市即墨市
7	烟台市莱山区	25	青岛市黄岛区
8	烟台市海阳市	26	青岛市城阳区
9	烟台市福山区	27	济宁市微山县
10	潍坊市潍城区	28	济南市天桥区
11	潍坊市寿光市	29	济南市市中区
12	潍坊市寒亭区	30	济南市历下区
13	威海市文登区	31	东营市东营区
14	威海市荣成市	32	德州市陵县
15	威海市环翠区	33	德州市高新区
16	日照市东港区	34	滨州市沾化县
17	青岛市市南区	35	滨州市无棣县
18	青岛市市北区	36	滨州市滨城区

参 考 文 献

［1］Bennett N J. Navigating a just and inclusive path towards sustainable oceans ［J］. Marine Policy, 2018 (97)：139 – 146.

［2］王莉莉，肖雯雯. 基于投入产出模型的中国海洋产业关联及海陆产业联动发展分析 ［J］. 经济地理, 2016 (01)：113 – 119.

［3］王莉莉，赵炳新. 海洋经济网络建模及应用 ［M］. 经济科学出版社, 2018.

［4］Xiao W, Zhao B, Zhao, Wang L. Marine Industrial Cluster Structure and its Coupling Relationship with Urban Development：A Case of Shandong Province ［J］. Polish Maritime Research, 2016 (23)：115 – 122.

［5］Darling E S, Côté I M. Seeking resilience in marine ecosystems ［J］. Science, 2018, 359 (6379)：986 – 987.

［6］刘大海，欧阳慧敏，李森，李晓璇，安晨星. 全球蓝色经济指数构建研究——以 G20 沿海国家为例 ［J］. 经济问题探索, 2017 (06)：176 – 183.

［7］梁甲瑞. 中国—大洋洲—南太平洋蓝色经济通道构建：基础、困境及构想 ［J］. 中国软科学, 2018 (03)：1 – 9.

［8］马仁锋，李加林，赵建吉，庄佩君. 中国海洋产业的结构与布局研究展望 ［J］. 地理研究, 2013, 32 (05)：902 – 914.

［9］梁甲瑞. 中国—大洋洲—南太平洋蓝色经济通道构建：基础、困境及构想 ［J］. 中国软科学, 2018 (03)：1 – 9.

[10] 韩增林，胡伟，李彬，刘天宝，胡渊. 中国海洋产业研究进展与展望 [J]. 经济地理，2016，36（01）：89－96.

[11] 高源，韩增林，杨俊，管超. 中国海洋产业空间集聚及其协调发展研究 [J]. 地理科学，2015，35（08）：946－951.

[12] Wang Y, Wang N. The role of the marine industry in China's national economy: An input－output analysis [J]. Marine Policy, 2019 (99): 42－49.

[13] Schernewski G. Integrated coastal zone management [J]. Encyclopedia of marine geosciences. Springer Netherlands, 2014: 1－5.

[14] Puente－Rodríguez D, Giebels D, de Jonge V N. Strengthening coastal zone management in the Wadden Sea by applying 'knowledge－practice interfaces' [J]. Ocean & Coastal Management, 2015 (108): 27－38.

[15] Birch T, Reyes E. Forty years of coastal zone management (1975－2014): Evolving theory, policy and practice as reflected in scientific research publications [J]. Ocean & Coastal Management, 2018 (153): 1－11.

[16] 李平. 环境技术效率、绿色生产率与可持续发展：长三角与珠三角城市群的比较 [J]. 数量经济技术经济研究，2017，34（11）：3－23.

[17] Daborn G R, Viehman H, Redden A M. Marine Renewable Energy in Canada: A Century of Consideration and Challenges [M] // The Future of Ocean Governance and Capacity Development. Brill Nijhoff, 2018: 388－393.

[18] 曹霞，张路蓬. 企业绿色技术创新扩散的演化博弈分析 [J]. 中国人口·资源与环境，2015，25（07）：68－76.

[19] 孙才志，郭可蒙，邹玮. 中国区域海洋经济与海洋科技之间的协同与响应关系研究 [J]. 资源科学，2017，39（11）：2017－2029.

［20］Yu J, Yu W. The economic benefit of marine based on DEA model［J］. International Journal of Low – Carbon Technologies, 2018, 13（04）: 364 –368.

［21］张娟, 耿弘, 徐功文, 陈健. 环境规制对绿色技术创新的影响研究［J］. 中国人口·资源与环境, 2019, 29（01）: 168 –176.

［22］Hakansson H, Johanson J. Industrial Networks: A New View of Reality［J］. London: Routledge Press, 1992: 66 –67.

［23］Hakansson H, Johanson J. 3. 2 A model of industrial networks［J］. Understanding Business Marketing and Purchasing: An Interaction Approach, 2002: 145.

［24］Karlsson C. The development of industrial networks: challenges to operations management in an extraprise［J］. International Journal of Operations & Production Management, 2003, 23（01）: 44 –61.

［25］盖翊中, 隋广军. 基于契约理论的产业网络形成模型: 综合成本的观点［J］. 当代经济科学, 2004（05）: 56 –59, 75 –109.

［26］张丹宁, 唐晓华. 产业网络组织及其分类研究. 中国工业经济, 2008（02）: 57 –65.

［27］芮正云, 庄晋财. 产业网络对新创小微企业成长绩效的影响研究［J］. 经济体制改革, 2014（05）: 97 –101.

［28］Aaboen L, La Rocca A, Lind F, et al. Starting up in business networks［M］. London: Palgrave Macmillan, 2017.

［29］Bankvall L, Dubois A, Lind F. Conceptualizing business models in industrial networks［J］. Industrial Marketing Management, 2017（60）: 196 –203.

［30］许宪春, 刘起运. 中国投入产出理论与实践（2004）［M］. 北京: 中国统计出版社, 2007.

［31］王莉莉, 肖雯雯. 基于投入产出模型的中国海洋产业关联及海陆产业联动发展分析［J］. 经济地理, 2016, 36（01）: 113 –119.

［32］卢华玲，周燕，唐建波. 基于复杂网络的产业强关联网络研究［J］. 北京邮电大学学报（社会科学版），2014，16（04）：46－54.

［33］McNerney J，Fath B D，Silverberg G. Network structure of inter－industry flows［J］. Physica A：Statistical Mechanics and its Applications，2013，392（24）：6427－6441.

［34］赵炳新，陈效珍，陈国庆. 产业基础关联树的构建与分析——以山东、江苏两省为例［J］. 管理评论，2013，25（02）：35－42.

［35］相雪梅，赵炳新，于冲冲. 产业网络结构与总产出波动的关系——以中国八省市投入产出数据为例［J］. 系统工程，2017，35（03）：81－87.

［36］Zhang Z，Chen X，Xiao W，et al. Identifying and analyzing strong components of an industrial network based on cycle degree［J］. Scientific Programming，2016.

［37］Campbell J. Application of Graph Theoretic Analysis to interindustry Relationships［J］. Regional Science and Urban Economics，1975（05）：91－106.

［38］Schnabl H. The Evolution of Production Structures Analyzed by a Multi－Layer Procedure［J］. Economic Systems Research，1994（06）：51－68.

［39］Aroche－Reyes F. Important Coefficients and Structural Change. A Multi－layer Approach［J］. Economic Systems Research，1996（08）：235－246.

［40］赵炳新，尹翀，张江华. 产业复杂网络及其建模——基于山东省实例的研究［J］. 经济管理，2011，33（07）：139－148.

［41］王茂军，柴箐. 北京市产业网络结构特征与调节效应［J］. 地理研究，2013，32（03）：543－555.

［42］Contreras M G A，Fagiolo G. Propagation of economic shocks in input – output networks：A cross – country analysis ［J］. Physical Review E，2014，90（06）：062812.

［43］Luu D T，Napoletano M，Fagiolo G，et al. Uncovering the Network Complexity in Input – Output Linkages among Sectors in European Countries ［J］. 2017.

［44］Brachert M，Titze M，Kubis A. Identifying industrial clusters from a multidimensional perspective：Methodical aspects with an application to Germany ［J］. Papers in Regional Science，2011，90（02）：419 – 439.

［45］王成韦，赵炳新，肖雯雯. 新疆对"丝绸之路经济带"中国西北段产业影响力研究 ［J］. 新疆社会科学，2017（03）：54 – 60，154 – 155.

［46］Xiao W，Wang L，Zhang Z，et al. Identify and analyze key industries and basic economic structures using interregional industry network ［J］. Cluster Computing，2017，DOI：10. 1007/s10586 – 017 – 1067 – 1.

［47］张志英. 区域间产业网络建模及应用研究 ［D］. 山东大学，2017.

［48］陈效珍. 山东省产业循环结构的比较分析 ［J］. 东岳论丛，2015，36（04）：98 – 102.

［49］邢李志，文献，董现垒，关峻. 基于共引网络理论的产业需求竞争网络 ［J］. 北京理工大学学报（社会科学版），2016，18（04）：78 – 85.

［50］方大春，王海晨. 我国产业关联网络的结构特征研究——基于 2002～2012 年投入产出表 ［J］. 当代经济管理，2017，39（11）：71 – 78.

［51］杜培林，赵炳新. 基于产业网络的 K – 核关联结构识别关键产业群——以"鲁粤"二省为例 ［J］. 经济问题探索，2015（08）：74 – 80.

［52］姚刚，蔡宁，蔡瑾琰. 复杂网络理论在产业集群升级中的应用［J］. 云南社会科学，2017（01）：84-87.

［53］赵炳新，肖雯雯，佟仁城，张江华，王莉莉. 产业网络视角的海洋经济内涵及其关联结构效应研究——以山东省为例［J］. 中国软科学，2015（08）：135-147.

［54］Wenwen X，Bingxin Z，Lili W. Marine Industrial Cluster Structure and Its Coupling Relationship with Urban Development：a Case of Shandong Province［J］. Polish Maritime Research，2016，23（s1）：115-122.

［55］吕康娟，王梦怡，吴涛. 中国工业细分部门对环境污染的影响分析——基于产业网络分析的实证研究［J］. 工业技术经济，2016，35（02）：114-120.

［56］郭燕青，何地. 新能源汽车产业创新生态系统研究——基于网络关系嵌入视角［J］. 科技管理研究，2017，37（22）：134-140.

［57］Barroso A，Giarratana M S. Product proliferation strategies and firm performance：The moderating role of product space complexity［J］. Strategic Management Journal，2013，34（12）：1435-1452.

［58］张妍妍，吕婧. 基于产品空间结构重构的东北老工业基地产业升级研究［J］. 工业技术经济，2014，33（04）：11-18.

［59］张亭，刘林青. 产品复杂性水平对中日产业升级影响的比较研究——基于产品空间理论的实证分析［J］. 经济管理，2017，39（05）：115-129.

［60］邢李志，关峻. 区域产业集群发展关联网络的建模与实证分析——以汽车行业和石化行业为例［J］. 工业技术经济，2012，31（04）：3-14.

［61］刘颖男，王盼. 基于社会网络分析法的区域产业结构变迁研究［J］. 阅江学刊，2016，8（02）：55-67+147.

［62］肖雯雯，赵炳新，于振磊. "丝绸之路经济带"中国段区域协同网络核结构效应研究［J］. 经济管理，2016，38（08）：29-38.

［63］刘国巍，张停停，于娟. 创新网络的区域协同系统与产业经济增长关系研究［J］. 中国科技论坛，2017（11）：123 - 132.

［64］党政军，陈宏伟. 基于全球生产网络视角的区域产业升级影响因素分析［J］. 特区经济，2012（11）：214 - 216.

［65］任慧，贾玉平. 知识网络延伸：区域产业集群产业升级潜力提升路径探究——以浙江块状经济发展为例［J］. 情报理论与实践，2013，36（06）：53 - 57.

［66］胡黎明，赵瑞霞. 产业集群式转移与区域生产网络协同演化及政府行为研究［J］. 中国管理科学，2017，25（03）：76 - 84.

［67］Acemoglu D，Carvalho V，Ozdaglar A，et al. "The network origins of aggregate fluctuations," Econometrica，vol. 80，no. 5，2012：1977 - 2016.

［68］相雪梅. 复杂网络视角的产业波动扩散效应研究［D］. 山东大学，2016.

［69］赵炳新，相雪梅，张梦婕. 区域间总产出波动相互影响的网络模型［J］. 系统工程理论与实践，2017，37（10）：2611 - 2620.

［70］杨建梅. 复杂网络与社会网络研究范式的比较［J］. 系统工程理论与实践，2010，30（11）：2046 - 2055.

［71］李明哲，金俊，石端银. 图论及其算法［M］. 北京：机械工业出版社，2010.

［72］刘潇，杨建梅. 基于数据科学的复杂元网络方法及应用［M］. 北京：科学出版社，2015.

［73］Deo N. Graph theory with applications to engineering and computer science［M］. Courier Dover Publications，2017.

［74］Watts D J，Strogatz S H. Collective dynamics of 'small - world' networks［J］. Nature，1998，393（6684）：440.

［75］Barabási A L，Albert R. Emergence of scaling in random networks［J］. Science，1999，286（5439）：509 - 512.

[76] Albert R, Barabási A L. Statistical mechanics of complex networks [J]. Reviews of modern physics, 2002, 74 (1): 47.

[77] National Research Council. Network Science. Washington D C: The National Academics Press, 2005.

[78] Ostrom E. A general framework for analyzing sustainability of social – ecological systems [J]. Science, 2009, 325 (5939): 419 – 422.

[79] Bascompte J. Disentangling the webof life [J]. Science, 2009, 325 (5939): 416 – 419.

[80] Vespignani A. Predicting the behavior of techno – social systems [J]. Science, 2009, 325 (5939): 425 – 428.

[81] Barabasi A L. The network takeover. Nature Physics, 2012, 8: 14 – 16.

[82] Hofmann S G, Curtiss J, McNally R J. A complex network perspective on clinical science [J]. Perspectives on Psychological Science, 2016, 11 (5): 597 – 605.

[83] Du R, Wang Y, Dong G, et al. A complex network perspective on interrelations and evolution features of international oil trade, 2002—2013 [J]. Applied energy, 2017 (196): 142 – 151.

[84] Monaco A, Monda A, Amoroso N, et al. A complex network approach reveals a pivotal substructure of genes linked to schizophrenia [J]. PloS one, 2018, 13 (1): e0190110.

[85] 王志平, 王众托. 超网络模型及应用 [J]. 北京: 科学出版社, 2008.

[86] Complex Systems and Networks. http: //www. Sciencemag. org/content/325/5939. toc# special – issue [2009 – 07 – 24].

[87] Sheffi Y. Urban Transportation Networks: Equilibrium Analysis with Mathematical Programming Methods [J]. 1985.

[88] Nagurney A, Dong J. Supernetworks: decision – making for the

information age [M]. Elgar, Edward Publishing, Incorporated, 2002.

[89] Nagurney A, Cruz J, Dong J, et al. Supply chain networks, electronic commerce, and supply side and demand side risk [J]. European Journal of Operational Research, 2005, 164 (01): 120 – 142.

[90] Barrat A, Barabasi A L, Caldarelli G, et al. Virtual round table on ten leading questions for network research [J]. European Physical Journal B, 2004, 38 (EPFL – ARTICLE – 147435): 143 – 145.

[91] Gao J, Buldyrev S V, Stanley H E, et al. Networks formed from interdependent networks [J]. Nature physics, 2012, 8 (01): 40 – 48.

[92] Boccaletti S, Bianconi G, Criado R, et al. The structure and dynamics of multilayer networks [J]. Physics Reports, 2014, 544 (01): 1 – 122.

[93] Mohammed M M, Badr A, Abdelhalim M B. Image classification and retrieval using optimized Pulse – Coupled Neural Network [J]. Expert Systems with Applications, 2015, 42 (11): 4927 – 4936.

[94] Zheng Y G, Wang Z H. Network – scale effect on synchronizability of fully coupled network with connection delay [J]. Chaos: An Interdisciplinary Journal of Nonlinear Science, 2016, 26 (04): 043103.

[95] Virkar Y S, Restrepo J G, Shew W L, et al. Dynamic regulation of resource transport induces criticality in multilayer networks of excitable units [J]. arXiv preprint arXiv: 1802.02261, 2018.

[96] 王众托, 王志平. 超网络初探 [J]. 管理学报, 2008 (01): 1 – 8.

[97] 乐承毅, 徐福缘, 顾新建, 陈芨熙, 王有远. 复杂产品系统中跨组织知识超网络模型研究 [J]. 科研管理, 2013, 34 (02): 128 – 135.

[98] 郭秋萍, 梁梦丽, 刘秀丽, 华康民. 基于作者—关键词—

引文多重共现的超网络知识关联研究 [J]. 情报理论与实践，2016，39 (07)：20 - 26.

[99] 吴义生，吴顺祥，白少布，朱振涛. 面向网购的低碳供应链超网络优化模型及其应用 [J]. 中国管理科学，2017，25 (06)：111 - 120.

[100] Bautu E, Kim S, Bautu A, et al. Evolving hypernetwork models of binary time series for forecasting price movements on stock markets [C] //Evolutionary Computation, 2009. CEC'09. IEEE Congress on. IEEE, 2009：166 - 173.

[101] 汪桥红. 基于超网络模型的互联网金融产业生态化发展研究 [J]. 湖南科技大学学报（社会科学版），2015，18 (06)：97 - 102.

[102] 张婷，米传民. 基于超网络的互联网金融均衡问题研究 [J]. 复杂系统与复杂性科学，2016，13 (02)：36 - 43.

[103] 张苏荣，王文平. 知识型企业的超网络均衡研究 [J]. 南京航空航天大学学报（社会科学版），2011，13 (01)：25 - 30.

[104] Wang J P, Guo Q, Yang G Y, et al. Improved knowledge diffusion model based on the collaboration hypernetwork [J]. Physica A：Statistical Mechanics and its Applications, 2015 (428)：250 - 256.

[105] 刘丹，王飞，王宗霞. 基于超网络的研究生协同创新网络构建 [J]. 科学管理研究，2016，34 (04)：93 - 96.

[106] Estrada E, Rodríguez - Velázquez J A. Subgraph centrality and clustering in complex hyper - networks [J]. Physica A：Statistical Mechanics and its Applications, 2006 (364)：581 - 594.

[107] 朱兵，张廷龙，吴冬梅. 产业集群超网络均衡研究 [J]. 经济与管理研究，2011 (09)：52 - 58.

[108] 黄新焕，王文平. 超网络视角下产业集群生态化发展研究——以山东新汶产业集群为例 [J]. 西安电子科技大学学报（社

会科学版），2014，24（01）：41－47.

[109] Irving D，Sorrentino F. Synchronization of dynamical hyper-networks：Dimensionality reduction through simultaneous block－diagonal-ization of matrices［J］. Physical Review E，2012，86（05）：6102.

[110] Pearcy N，Chuzhanova N，Crofts J J. Complexity and robust-ness in hypernetwork models of metabolism［J］. Journal of theoretical bi-ology，2016（406）：99－104.

[111] 索琪，郭进利. 基于超图的超网络：结构及演化机制［J］. 系统工程理论与实践，2017，37（03）：720－734.

[112] Berge C. Graphs and Hypergraphs. Amsterdam，The Nether-lands：North－Holland，1973.

[113] Battiston F，Iacovacci J，Nicosia V，et al. Emergence of multiplex communities in collaboration networks［J］. PloS one，2016，11（01）：e0147451.

[114] 蓝羽石，张杰勇. 基于超网络理论的网络中心化 C～4ISR 系统结构模型和分析方法［J］. 系统工程理论与实践，2016，36（05）：1239－1251.

[115] 蔡淑琴，吴颖敏，程全胜. 市场机遇发现的超图路径及其应用. 武汉理工大学学报（信息与管理工程版），2008，30（06）：923－928.

[116] 王恒山，尚艳超，王艳灵. 基于微博上信息传播的超网络模型. 技术与创新管理，2012，33（02）：175－179.

[117] 潘芳，鲍雨亭. 基于超网络的微博反腐舆情研究［J］. 情报杂志，2014，33（08）：173－177＋172.

[118] Suo Q，Guo J L，Shen A Z. Information spreading dynamics in hypernetworks［J］. Physica A：Statistical Mechanics and its Applica-tions，2017.

[119] 刘怡君，李倩倩，田儒雅，马宁. 基于超网络的社会舆论

形成及应用研究 [J]. 中国科学院院刊, 2012, 27 (05): 560 – 568.

[120] Liu Y, Li Q, Tang X, et al. Superedge prediction: What opinions will be mined based on an opinion supernetwork model? [J]. Decision Support Systems, 2014 (64): 118 – 129.

[121] 刘怡君, 陈思佳, 黄远, 马宁, 王光辉, 牛文元. 重大生产安全事故的网络舆情传播分析及其政策建议——以 "8·12 天津港爆炸事故" 为例 [J]. 管理评论, 2016, 28 (03): 221 – 229.

[122] Tian R Y, Liu Y J. Isolation, insertion, and reconstruction: Three strategies to intervene in rumor spread based on supernetwork model [J]. Decision Support Systems, 2014 (67): 121 – 130.

[123] Ma N, Liu Y. Superedge Rank algorithm and its application in identifying opinion leader of online public opinion supernetwork [J]. Expert Systems with Applications, 2014, 41 (4): 1357 – 1368.

[124] 方哲, 游宏梁, 薛非, 耿伟波, 高强. 专家知识协作加权超网络模型及其超链路预测研究 [J]. 科研管理, 2017, 38 (S1): 251 – 258.

[125] 夏明, 张红霞. 投入产出产出分析. 理论、方法与数据 [M]. 北京: 中国人民大学出版社, 2013.

[126] 于永海, 吕福新. 企业网络的演化趋势 [J]. 管理世界, 2014 (01): 180 – 181.

[127] 吕一博, 程露, 苏敬勤. "资源导向" 下中小企业集群网络演进的仿真研究 [J]. 科研管理, 2013 (01): 131 – 139 + 146.

[128] 熊伟清, 魏平. 基于多 Agent 供应链网络企业竞合关系演化分析 [J]. 系统科学与数学, 2015 (07): 779 – 787.

[129] M'Chirgui Z. The economics of the smart card industry: towards coopetitive strategies [J]. Economics of Innovation and New Technology, 2005, 14 (6): 455 – 477.

[130] 闫卫阳, 王发曾, 秦耀辰. 城市空间相互作用理论模型的

演进与机理 [J]. 地理科学进展, 2009, 28 (04): 511 – 518.

[131] Castells M. The Rise of the Network Society [M]. Cambridge, MA: Blackwell, 2009.

[132] Camagni R P, Salone C. Network urban structures in northern Italy: elements for a theoretical framework [J]. Urban studies, 1993, 30 (06): 1053 – 1064.

[133] Abramson B D. Internet Globalization Indicators [J]. Telecommunications Policy, 2000, 24 (01): 69 – 74.

[134] 刘辉, 申玉铭, 孟丹, 薛晋. 基于交通可达性的京津冀城市网络集中性及空间结构研究 [J]. 经济地理, 2013 (08): 37 – 45.

[135] 王姣娥, 王涵, 焦敬娟. "一带一路" 与中国对外航空运输联系 [J]. 地理科学进展, 2015 (05): 554 – 562.

[136] 陈伟, 刘卫东, 柯文前, 王女英. 基于公路客流的中国城市网络结构与空间组织模式 [J]. 地理学报, 2017, 72 (02): 224 – 241.

[137] 武前波, 宁越敏. 中国城市空间网络分析——基于电子信息企业生产网络视角 [J]. 地理研究, 2012 (02): 207 – 219.

[138] 王聪, 曹有挥, 陈国伟. 基于生产性服务业的长江三角洲城市网络 [J]. 地理研究, 2014 (02): 323 – 335.

[139] 蒋小荣, 杨永春, 汪胜兰, 王梅梅, 杨亚斌. 基于上市公司数据的中国城市网络空间结构 [J]. 城市规划, 2017, 41 (06): 18 – 26.

[140] 石敏俊, 张卓颖等. 中国省区间投入产出模型与区际经济联系 [M]. 北京: 科学出版社, 2012.

[141] 刘卫东. 中国 2007 年 30 省区市区域间投入产出表编制理论与实践 [M]. 北京: 中国统计出版社, 2012.

[142] Lee K M, Min B, Goh K I. Towards real – world complexity: an introduction to multiplex networks [J]. The European Physical

Journal B，2015，88（02）：48.

［143］冀星沛，王波，董朝阳，陈果，刘涤尘，魏大千，汪勖婷. 电力信息—物理相互依存网络脆弱性评估及加边保护策略［J］. 电网技术，2016，40（06）：1867－1873.

［144］席运江，党延忠. 基于加权超网络模型的知识网络鲁棒性分析及应用［J］. 系统工程理论与实践，2007（04）：134－140，159.

［145］刘怡君，李倩倩，马宁等. 社会舆情的网络分析方法与建模仿真［M］. 北京：科学出版社，2016.

［146］王桂平，王衍，任嘉辰. 图论算法理论、实现及应用［M］. 北京：北京大学出版社，2011.

［147］Zhang Z，Chen X，Xiao W，et al. Identifying and Analyzing Strong Components of an Industrial Network Based on Cycle Degree［J］. Scientific Programming，2016.

［148］赵炳新，陈效珍，张江华. 产业圈度及其算法［J］. 系统工程理论与实践，2014，34（06）：1388－1397.

［149］约翰·斯科特著. 社会网络分析法（英文第3版）［M］. 刘军译. 重庆：重庆大学出版社，2016.

［150］Freeman L. A set of measures of centrality based upon betweenness. Sociometry，1977，40（01）：35－41.

［151］刘军. 整体网分析讲义［M］. 上海：上海人民出版社，2009.

［152］Krackhardt D. Assessing the political landscape：Structure，cognition，and power in organizations［J］. Administrative science quarterly，1990：342－369.

［153］Xiao Q. A method for measuring node importance in hypernetwork model［J］. Research Journal of Applied Sciences，Engineering and Technology，2013，5（02）：568－573.

［154］任晓龙，吕琳媛. 网络重要节点排序方法综述［J］. 科

学通报，2014，59（13）：1175－1197.

［155］Seidman S. B. Network Structure and Minimum Degree［J］. Social Networks，1983（05），269－287.

［156］赵炳新，杜培林，肖雯雯，张江华. 产业集群的核结构与指标体系［J］. 系统工程理论与实践，2016，36（01）：55－62.

［157］Xiao W，Wang L，Zhang Z，et al. Identify and analyze key industries and basic economic structures using interregional industry network［J］. Cluster Computing，2017：1－11.

［158］Ghoshal G，Zlatić V，Caldarelli G，et al. Random hypergraphs and their applications［J］. Physical Review E，2009，79（06）：6118.

［159］马涛，郭进利，何红英，王福红. 基于超网络的企业科技创新团队知识共享机制研究［J］. 情报科学，2017，35（12）：120－128.

［160］Kapoor K，Sharma D，Srivastava J. Weighted node degree centrality for hypergraphs［C］//Network Science Workshop（NSW），2013 IEEE 2nd. IEEE，2013：152－155.

［161］Lee K M，Min B，Goh K I. Towards real－world complexity：an introduction to multiplex networks［J］. The European Physical Journal B，2015，88（02）：48.

［162］索琪，郭进利. 基于超图的超网络：结构及演化机制［J］. 系统工程理论与实践，2017，37（03）：720－734.

［163］Boccaletti S，Bianconi G，Criado R，et al. The structure and dynamics of multilayer networks［J］. Physics Reports，2014，544（01）：1－122.

［164］国家统计局国民经济核算司. 中国地区投入产出表（2012）［M］. 北京：中国统计出版社，2016.